Bau-Fachschriften: Nr. 4

100 Statikbeispiele
aus dem Holzbau

G. Hempel

9. Auflage

1989

BRUDERVERLAG KARLSRUHE

CIP Titelaufnahme der Deutschen Bibliothek
Hempel, Gerhard:
100 [Hundert] Statikbeispiele aus dem Holzbau/
G. Hempel. – 9. Aufl. – Karlsruhe: Bruderverl., 1989
(Bau-Fachschriften; Nr. 4)
ISBN 3-87104-073-8
NE:GT

Verlagsrecht: BRUDERVERLAG, 7500 Karlsruhe 1
Satz + Druck: Pfälzische Verlagsanstalt GmbH, Landau
Alle Rechte vorbehalten,
Das Werk einschließlich aller seiner Teile ist urheberrechtlich geschützt. Jede Verwertung außerhalb der engen Grenzen des Urheberrechtsgesetzes ist ohne Zustimmung des Verlags unzulässig und strafbar. Das gilt insbesondere für Vervielfältigungen, Übersetzungen, Mikroverfilmungen und die Einspeicherung und Verarbeitung in elektronischen Systemen.

Vorwort zur 9. Auflage

Die neue Berechnungsvorschrift für Holzbauwerke DIN 1052 Teil 1 und 3 (Ausgabe 4.88) machte eine vollständige Überarbeitung aller Beispiele erforderlich. Neue Kurzzeichen und Fußzeiger mußten zum Teil eingeführt und einige Beispiele vom Inhaltlichen her geändert werden.

Die Berechnungsbeispiele für zusammengesetzte Querschnitte wurden in praxisbezogenen Querschnittsformen geändert und thematisch besser geordnet.

Alle Berechnungen erfolgen streng nach dem Ansatz der DIN 1052. Zur besseren Verständlichkeit für das jeweilige Beispiel wird zuerst der allgemeine Ansatz angegeben und danach mit Zahlengrößen belegt. Man kann somit leicht Werte für andere Lasten oder Systemmaße einsetzen und berechnen.

Jedes Beispiel stellt eine in sich abgegrenzte Aufgabe dar und ist für sich verständlich, so daß man nicht gezwungen ist, das ganze Buch systematisch durchzuarbeiten.

Diese Berechnungsmethode soll den wenig geübten Statiker und den Architekten, der sich nur hin und wieder notgedrungen mit der Statik beschäftigen muß, in den Stand setzen, einen Querschnitt schnell zu ermitteln oder wenigstens zu überschlagen. Die besondere Art der Inhaltsübersicht mit den beigegebenen Orientierungsskizzen läßt gewünschte Beispiele rasch auffinden; sie sind nach Systemen und den verschiedenen Belastungsfällen geordnet.

Karlsruhe, im Januar 1989   BRUDERVERLAG

Inhaltsübersicht

Bei-spiel	Sinnbild	Erläuterung	Seite
		Zugfestigkeit	
1		Zugstab an Stahllaschen	13
2		Zugstab als Untergurt	13
3		Zugstab als Hängesäule	14
4		Zugstab als V-Stab in einem Binder	15
5		Einteiliger Zugstab mit Stoßlaschen	16
6		Einteiliger Zugstab mit Stoßlaschen	16
7		Zweiteiliger Zugstab mit Stoßlaschen	17
8		Einteiliger Zugstab mit Stahllaschen	19
9		Einteiliger Zugstab mit Laschen und Dübeln	19
10		Zweiteiliger Zugstab mit Laschen und Dübeln	21
		Druckfestigkeit	
11		Druckstab mit quadratischem Querschnitt	23
12		Druckstab mit rechteckigem Querschnitt	24

Bei-spiel	Sinnbild	Erläuterung	Seite
13		Druckstab mit Rundholzquerschnitt	24
14		Druckstab mit rechteckigem Querschnitt auf Schwelle aufsitzend	25
15		Druckstab mit rechteckigem Querschnitt und Kopfbändern	26
16		Eingespannte Stütze mit rechteckigem Querschnitt	27
17		Stütze, zweiteilig, genagelt	27
18		Stütze, zweiteilig, genagelt	29
19		Stütze, dreiteilig, genagelt	31
20		Stütze mit I-Querschnitt, genagelt	32
21		Stütze, zweiteilig, mit Zwischenhölzern	34
22		Stütze, dreiteilig, mit Zwischenhölzern	36
23		Stütze, vierteilig, mit Zwischenhölzern	37

Bei-spiel	Sinnbild	Erläuterung	Seite
		Biegefestigkeit	
24		Deckenbalken als Einfeldträger mit gleichmäßig verteilter Last	39
25		Deckenbalken mit einer Einzellast in der Mitte	40
26		Deckenbalken mit einer Einzellast außer der Mitte	42
27		Deckenbalken mit drei Einzellasten	43
28		Deckenbalken mit gleichmäßig verteilter Last und einer Einzellast in der Mitte	46
29		Deckenbalken mit gleichmäßig verteilter Last und zwei Einzellasten	47
30		Deckenbalken mit gleichmäßig verteilter Last und drei Einzellasten	49
31		Deckenbalken mit gleichmäßig verteilter Last und vier Einzellasten	50
32		Deckenbalken mit Streckenlasten	52
33		Deckenbalken mit Streckenlasten	54
34		Deckenbalken mit Streckenlasten	56
35		Deckenbalken mit gleichmäßig verteilter Last und verschieden großen Einzellasten	58
36		Deckenbalken mit großem Kragarm und gleichmäßig verteilter Last	61
37		Deckenbalken mit großem Kragarm und Streckenlasten	63
38		Deckenbalken mit Kragarm und H-Kraft	65
39		Deckenbalken als Durchlaufträger über gleich große Felder	66
40		Deckenbalken als Durchlaufträger über zwei verschieden große Felder	69

Bei-spiel	Sinnbild	Erläuterung	Seite
41		Mehrteiliger Deckenbalken Vollholz, verleimt	72
42		Mehrteiliger Deckenbalken, Steg aus Bau-Furniersperrholz, verleimt	74
43		Mehrteiliger Deckenbalken, Stege aus Bau-Furniersperrholz, verleimt	77
44		Mehrteiliger Deckenbalken Steg aus Flachpreßplatten, verleimt	79
45		Mehrteiliger Deckenbalken Stege aus Flachpreßplatten, verleimt	81
46		Mehrteiliger Deckenbalken Vollholz, genagelt	83
47		Mehrteiliger Deckenbalken, Steg aus Bau-Furniersperrholz, genagelt	86
48		Mehrteiliger Deckenbalken, Stege aus Bau-Furniersperrholz, genagelt	88
49		Mehrteiliger Deckenbalken Steg aus Flachpreßplatten, genagelt	91
50		Mehrteiliger Deckenbalken Stege aus Flachpreßplatten, genagelt	94
51		Deckenbalken aus Brettschichtholz BSH Güteklasse II	96
52		Deckenbalken aus Brettschichtholz BSH Güteklasse I	98
53		Unterzug als zweiteiliger Dübelbalken	99
54		Unterzug als zweiteiliger Dübelbalken	101
55		Unterzug als dreiteiliger Dübelbalken	105
56		Unterzug aus Brettschichtholz BSH Güteklasse II	108
57		Unterzug aus Brettschichtholz BSH Güteklasse I	109

Bei-spiel	Sinnbild	Erläuterung	Seite
58		Sparren, Dachneigung 7°	111
59		Sparren, Dachneigung 33°	112
60		Sparren, Dachneigung 53°	113
61		Sparren als Durchlaufträger, Dachneigung 10°	115
62		Sparren als Koppelträger Dachneigung 10°	116
63		Sparren als Koppelträger Dachneigung 39°	117
64		Pfettensparren aus Rundholz	120
65		Pfettensparren, Dachneigung 15 °	121
66		Pfettensparren als Durchlaufträger Dachneigung 15°	122
67		Pfettensparren als Koppelträger Dachneigung 15°	123
68		Pfettensparren als Koppelträger Dachneigung 15°	125
69		Pfettensparren als Durchlaufträger mit Stoßlaschen	128
70		Pfettensparren als Durchlaufträger mit Stoßlaschen	130
71		Gelenkpfette	132
72		Pfette mit Kragarm	134
73		Pfette mit Kragarm	137
74		Pfette mit zwei Kragarmen	138

Bei-spiel	Sinnbild	Erläuterung	Seite
75		Pfette mit zwei Kragarmen und drei Einzellasten	140
76		Pfette mit Kopfbänder und vertikaler Belastung	142
77		Pfette mit Kopfbändern vertikaler und horizontaler Belastung	143
78		Gratsparren	144
Zusammengesetze Festigkeit			
79		Zugstab mit Biegung in einem Hängewerk	149
80		Zugstab mit Biegung Außenstütze eines Binders	149
81		Zugstab mit Biegung Untergurt eines Fachwerkträgers	150
82		Druckstab mit Biegung Obergurt eines Fachwerkträgers	151
83		Druckstab mit Biegung Obergurt eines Fachwerkträgers	152
84		Druckstab mit Biegung Obergurt eines Fachwerkträgers	152
85		Druckstab mit Biegung Stütze in einer Außenwand	154

Bei-spiel	Sinnbild	Erläuterung	Seite
86		Druckstab mit Biegung Stütze mit zwei horizontalen Lasten	155
87		Eingespannte Stütze mit V- und H-Lasten am Kopf	156
88		Eingespannte Stütze mit zwei vertikalen Lasten	157
89		Eingespannte Stütze in einer Außenwand mit vertikaler und horizontaler Belastung	158
Spreng- und Hängewerke			
90		Einfaches Sprengwerk mit einer Einzellast	159
91		Einfaches Sprengwerk mit einer Einzellast und gleichmäßig verteilter Last auf dem H-Stab	160
92		Einfaches Hängewerk mit einer Einzellast	162
93		Doppeltes Sprengwerk mit zwei Einzel- lasten	163
94		Doppeltes Sprengwerk ohne Zugstab	167
95		Doppeltes Hängewerk mit gleichmäßig verteilter Last und Einzellasten	168

Beispiel	Sinnbild	Erläuterung	Seite
		Brettschichtbinder	
96		Brettschichtbinder mit gerader Unterkante	171
97		Brettschichtbinder mit geneigter Unterkante und veränderlicher Höhe	176
		Fundamente	
98		Unbewehrtes Streifenfundament	186
99		Einzelfundament	187
100		Einzelfundament mit V-, H- und M-Lasten	192

Zug-Festigkeit

1. Zugstab

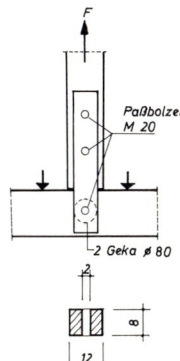

Gegeben: Zugkraft   F = 34.000 N
           Paßbolzen   M 20
           Holzdicke   a = 8 cm
Gesucht: Holzquerschnitt des Zugstabes

zul σ_z = 850 N/cm²

erforderlicher Holzquerschnitt

$$A_n = \frac{N}{zul\ \sigma_z} = \frac{34.000}{850} = 40\ cm^2$$

erforderliche nutzbare Querschnittsbreite

$$b_n = \frac{A_n}{a} = \frac{40}{8} = 5{,}0\ cm$$

erforderliche Gesamtbreite
$b = b_n$ + Bohrloch
   = 5,0 + 2,0 = 7 cm

gew.: **a/b = 8/12 cm**

2. Zugstab

Gegeben: Untergurt   12/18 cm
           Stabkräfte U_1 = + 50.000 N
                      U_2 = + 100.000 N
                      D = — 71.000 N
         Anschluß V-Stab
            Dübel 80/30 mm
            Bolzen M 16
         Anschluß D-Stab
            Versätze max t_v = 4 cm

Gesucht: Spannung im U-Stab

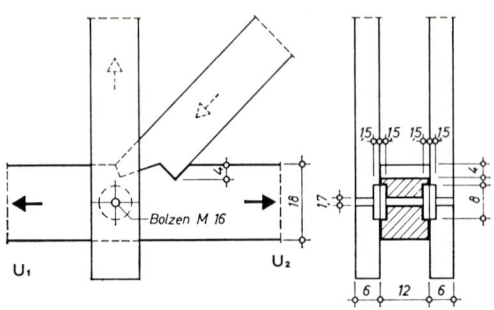

$$\sigma_z = \frac{U_2}{A_n}$$

A_n: 12 · 18   = 216,0 cm²
— Versatz = 4 · 12   = — 48,0 cm²
— Dübel = 8 · 3   = — 24,0 cm²
— Bolzen = 1,7 (12 — 3) = — 15,3 cm²
                                              128,7 cm²

$$\sigma = \frac{100.000}{128,7} = \mathbf{777\ N/cm^2} < \mathbf{850\ N/cm^2}$$

3. Zugstab

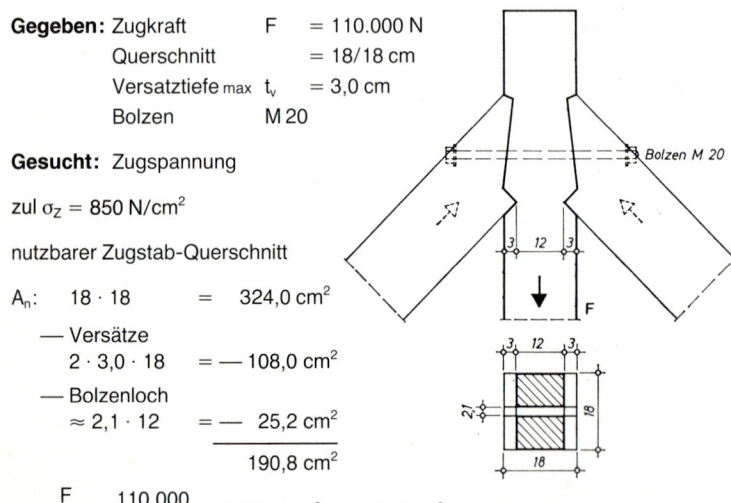

Gegeben: Zugkraft   F   = 110.000 N
           Querschnitt   = 18/18 cm
           Versatztiefe max t_v = 3,0 cm
           Bolzen   M 20

Gesucht: Zugspannung

zul σ_z = 850 N/cm²

nutzbarer Zugstab-Querschnitt

A_n: 18 · 18   = 324,0 cm²
— Versätze
   2 · 3,0 · 18   = — 108,0 cm²
— Bolzenloch
   ≈ 2,1 · 12   = — 25,2 cm²
                           190,8 cm²

$$\sigma = \frac{F}{A_n} = \frac{110.000}{190,8} = \mathbf{577\ N/cm^2} < \mathbf{850\ N/cm^2}$$

4. Zugstab

Gegeben: Zugstab 2 x 6/12 cm
Dübel 95/30 mm
Bolzen M 16

Gesucht: Zulässige Zugkraft F

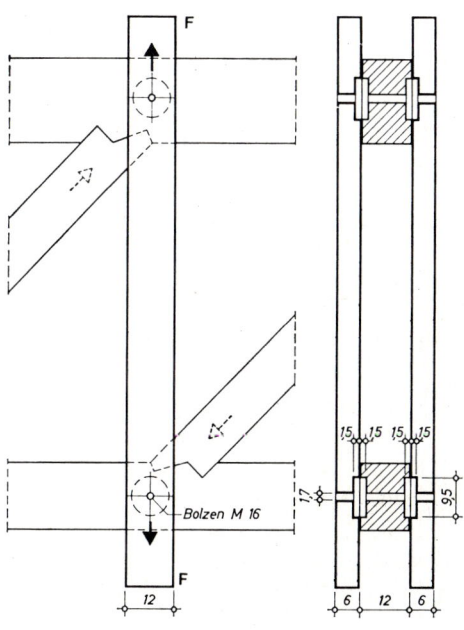

$$F = \frac{A_n \cdot \sigma_Z}{1,5}, \text{ zul } \sigma_Z = 850 \text{ N/cm}^2$$

A_n: 2 · 6 · 12 = 144,0 cm²

— Dübel = 9,5 · 2 · 1,5 = — 28,5 cm²

— Bolzen = 2 · 1,7 (6 — 1,5) = — 15,3 cm²

100,2 cm²

$$F = \frac{100,2 \cdot 850}{1,5} = \textbf{56.780 N} = 56,78 \text{ kN}$$

5. Zugstab

Gegeben: Zugstab 3/10 cm
Laschen 2 x 3/10 cm
Nägel   38/90
Zugkraft F = 20.000 N

Gesucht: Spannungen im Zugstab und in den Laschen

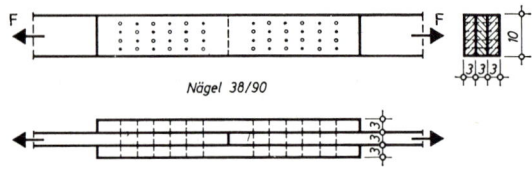

Nägel 38/90

Im Bereich genagelter Zuganschlüsse sind die zulässigen Spannungen im innenliegenden Zugstab um 20 % zu verringern.

$$\text{zul } \sigma_Z = 0{,}8 \cdot 850 = 680 \text{ N/cm}^2$$

Nagellöcher von eingeschlagenen Nägeln mit d ≦ 4,2 mm Durchmesser brauchen nicht abgezogen zu werden.

Einseitig gezogene Laschen oder Zugstäbe sind für die 1,5fache Zugkraft zu bemessen. Dabei braucht die zulässige Spannung nicht abgemindert zu werden.

Zugstab:

$$\sigma = \frac{20.000}{3 \cdot 10} = \mathbf{667 \text{ N/cm}^2} < 680 \text{ N/cm}^2$$

Laschen:

$$\sigma = 1{,}5 \cdot \frac{20.000}{2 \cdot 3 \cdot 10} = \mathbf{500 \text{ N/cm}^2} < 850 \text{ N/cm}^2$$

6. Zugstab

Gegeben: Zugstab 5/12 cm
Laschen 2 x 3/12 cm
Nägel   42/110

Gesucht: Zulässige Zugkraft F

Zugstab:

$$\text{zul } \sigma_Z = 0{,}8 \cdot 850 = \mathbf{680 \text{ N/cm}^2}$$

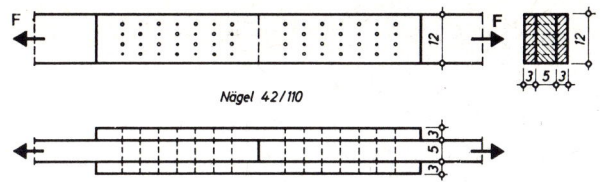

Nägel 4,2/110

A_n: $5 \cdot 12$ $=$ $60{,}0 \text{ cm}^2$

— Nagellöcher
$4 \cdot 0{,}42 \cdot 5 \quad = — \quad 8{,}4 \text{ cm}^2$

$\overline{51{,}6 \text{ cm}^2}$

zul $F = A_n \cdot$ zul σ_Z

$= 51{,}6 \cdot 680 =$ **35.088 N**

Laschen:

zul $\sigma_Z = 850 \text{ N/cm}^2$

A_n: $2 \cdot 3 \cdot 12$ $=$ $72{,}0 \text{ cm}^2$

— Nagellöcher
$4 \cdot 0{,}42 \cdot 2 \cdot 3 \quad = — \quad 10{,}1 \text{ cm}^2$

$\overline{61{,}9 \text{ cm}^2}$

zul $F = \dfrac{A_n \cdot \text{zul } \sigma_Z}{1{,}5}$

$= \dfrac{61{,}9 \cdot 850}{1{,}5} =$ **35.077 N**

Nägel:

zul $F_{Na} = 625 + 625 \dfrac{3{,}0}{8 \cdot 0{,}42} = 1.183 \text{ N}$

zul $F \quad = 1.183 \cdot 28 \quad\quad = $ **33.125 N**

7. Zugstab

Gegeben: Zugstab   2 x 3/10 cm
           Stoßstück   3/10 cm
           Stoßlaschen   2 x 3/10 cm
           Nägel   46/130

Gesucht: Zulässige Zugkraft F

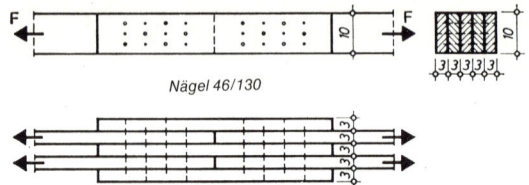

Nägel 46/130

Zugstab:

zul $\sigma_Z = 0{,}8 \cdot 850 = 680$ N/cm^2

A_n: $2 \cdot 3 \cdot 10$ = 60,0 cm^2

— Nagellöcher
$3 \cdot 0{,}46 \cdot 2 \cdot 3$ = — 8,3 cm^2
_____
51,7 cm^2

zul $F = A_n \cdot$ zul $\sigma_Z = 51{,}7 \cdot 680$ = **35.156 N**

Stoßstück (Innenlasche)

A_n: $3 \cdot 10$ = 30,0 cm^2

— Nagellöcher
$3 \cdot 0{,}46 \cdot 3$ = — 4,2 cm^2
_____
25,8 cm^2

zul $F = 25{,}8 \cdot 680$ = **17.544 N**

Laschen (Außenlaschen)

zul $\sigma_Z = 850$ N/cm^2

A_n $2 \cdot 3 \cdot 10$ = 60,0 cm^2

— Nagellöcher
$3 \cdot 0{,}46 \cdot 2 \cdot 3$ = — 8,3 cm^2
_____
51,7 cm^2

$$\text{zul } F = \frac{A_n \cdot \text{zul } \sigma_Z}{1{,}5}$$

$$= \frac{51{,}7 \cdot 850}{1{,}5} = \mathbf{29.297 \text{ N}}$$

1 Nagel wird 3-schnittig beansprucht, 2/3 der Zugkraft wird in das Stoßstück und nur 1/3 in die Laschen geleitet. Die Laschen erhalten dadurch nur 50 % der Last wie das Mittelstück.

Stoßstück + Laschen können daher nur aufnehmen

zul $F = 17.544 + 0{,}5 \cdot 17.544 =$ **26.316 N**

8. Zugstab

Gegeben: Zugkraft   F = 85.000 N
           Flachstahldübel   t = 20 mm
           Bolzen   M 16
           Querschnittshöhe   a = 16 cm
Gesucht: Holzbreite b

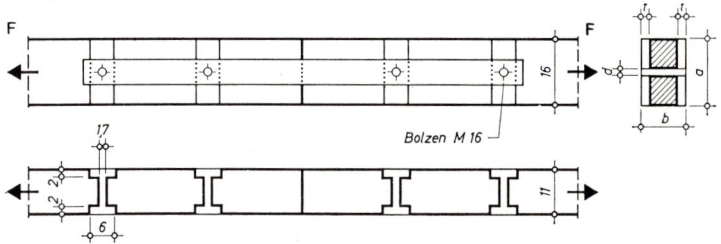

Erforderlicher nutzbarer Holzquerschnitt

$$A_n = \frac{F}{\sigma_z} = \frac{85.000}{850} = 100 \text{ cm}^2$$

nutzbare Holzhöhe

    $a_n = a$ — Bolzenloch
        $= 16$ — $1{,}7 = 14{,}3$ cm

erforderliche Holzbreite

$$b = 2 \cdot t + \frac{A_n}{a_n} \qquad t = \text{Einschnittiefe der Dübel}$$

$$= 2 \cdot 2 + \frac{100}{14{,}3} = \mathbf{11 \text{ cm}}$$

9. Zugstab

Gegeben: Zugstab   8/12 cm
           Zugkraft   F = 50.000 N
           Dübel   Typ A, $d_d = 95$ mm, $\triangle A = 12{,}3$ cm
           Bolzen   M 12
Gesucht: Laschenquerschnitt

    zul $\sigma_z = 850$ N/cm^2

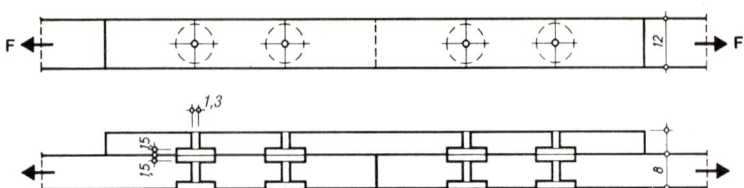

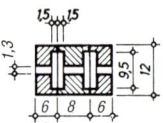

Zugstab

A_n: $8 \cdot 12$ $= 96{,}0 \text{ cm}^2$

— Dübel
    $2 \cdot 12{,}3$ $= -24{,}6 \text{ cm}^2$

— Bolzen
    $1{,}3 \cdot 8$ $= -10{,}4 \text{ cm}^2$

$\overline{61{,}0 \text{ cm}^2}$

$$\sigma_z = \frac{F}{A_n} = \frac{50.000}{61{,}0} = 820 \text{ N/cm}^2 < 850 \text{ N/cm}^2$$

Laschen

$$\text{erf } A_n = 1{,}5 \cdot \frac{F}{\text{zul } \sigma_z}$$

$$= 1{,}5 \cdot \frac{50.000}{850} = 88 \text{ cm}^2$$

Restquerschnitt an den Dübeln

$$A_1 = 2 \cdot (1{,}5 \cdot 12 - 12{,}3) = 11{,}4 \text{ cm}^2$$

Restquerschnitt am Bolzen auf 1 cm Holzbreite

$$A_2 = 1 \cdot (12 - 1{,}3) = 10{,}7 \text{ cm}^2/\text{cm}$$

erforderliche Holzbreite der Laschen

$$b = t + \frac{A_n - A_1}{A_2} \qquad t = \text{Einschnittiefe der Dübel}$$

$$= 2 \cdot 1{,}5 + \frac{88 - 11{,}4}{10{,}7} = 10{,}2 \text{ cm}$$

Laschen 2 × 6/12 cm

mit A_n: 2 · 6 · 12   = — 144,0 cm²
  — Dübel 2 · 12,3   = — 24,6 cm²
  — Bolzen 1,3 · 2 · 6   = — 15,6 cm²
                                   ―――――――――
                                       103,8 cm²

$$\sigma = 1{,}5 \cdot \frac{50.000}{103{,}8} = 723 \text{ N/cm}^2 < 850 \text{ N/cm}^2$$

10. Zugstab

Gegeben: Zugstab 2 × 8/12 cm
  Stoßstück 8/12 cm
  Stoßlaschen 2 × 6/12 cm
  Dübel Typ A, d_d = 95 mm, $\triangle A$ = 12,3 cm
  Bolzen M 12

Gesucht: Größte zulässige Zugkraft F

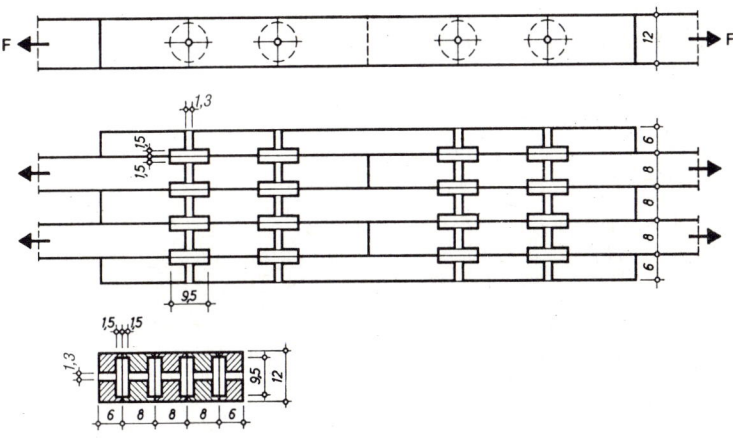

Zugstab

A_n: 2 · 8 · 12   = 192,0 cm²
  — Dübel 4 · 12,3   = — 49,2 cm²
  — Bolzen 1,3 · 2 · 8   = — 20,8 cm²
                                  ―――――――――
                                    122,0 cm²

zul F = A_n · zul σ_Z

  = 122,0 · 850   = 103.700 N

Stoßstück (Innenlasche)

A_n: 8 · 12 = 96,0 cm²
— Dübel 2 · 12,3 = — 24,6 cm²
— Bolzen 1,3 · 8 = — 10,4 cm²
                                    61,0 cm²

zul F = 61,0 · 850 = 51.850 N

Stoßlaschen (Außenlaschen)

A_n: 2 · 6 · 12 = 144,0 cm²
— Dübel 2 · 12,3 = — 24,6 cm²
— Bolzen 1,3 · 2 · 6 = — 15,6 cm²
                                    103,8 cm²

$$\text{zul } F = \frac{A_n \cdot \text{zul } \sigma_z}{1,5}$$

$$= \frac{103,8 \cdot 850}{1,5} = 58.820 \text{ N}$$

bei gleicher Beanspruchung aller Dübel erhalten die Außenlaschen die gleiche Kraft wie die Innenlasche = 55.165 N

Die Verbindung könnte aufnehmen

zul F = 51.850 + 51.850 = **103.700 N**

Druck-Festigkeit

11. Druckstab
mit mittigem Kraftangriff

Gegeben: h = 4,00 m

F = 100.000 N ≙ 100 kN

Gesucht: Stützenquerschnitt — quadratisch

Querschnitt geschätzt

$_{erf} A = 1,4 \cdot N + 9 \cdot s_k^2$

N = F in kN, s_k = h in m

$_{erf} A = 1,4 \cdot 100 + 9 \cdot 4,00^2 = 284 \text{ cm}^2$

Seitenlänge des Querschnittes

$a = \sqrt{A} = \sqrt{284} = 16,9 \text{ cm}$

Querschnitt **17/17 cm** mit

A = 289 cm²,   i = 4,91 cm

$\lambda = \dfrac{s_k}{i} = \dfrac{400}{4,91} = 81,$ $\omega = 2,23$

$\sigma = \dfrac{\omega \cdot F \text{ (F in N)}}{A}$

$= \dfrac{2,23 \cdot 100.000}{289}$

$= 772 \text{ N/cm}^2 < 850 \text{ N/cm}^2$

12. Druckstab

mit mittigem Kraftangriff

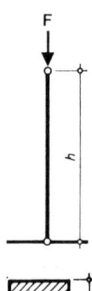

Gegeben: h = 4,00 m

F = 100.000 N ≙ 100 kN

Gesucht: Stützenquerschnitt, wenn die Schmalseite a = 16 cm beträgt

$s_k = h = 4{,}00$ m, $i_z = 4{,}62$ cm

$$\lambda = \frac{s_k}{i_z} = \frac{400}{4{,}62} = 87, \qquad \omega = 2{,}46$$

$$\sigma = \frac{\omega \cdot F}{A} = \frac{\omega \cdot F}{a \cdot b}; \qquad \text{gesucht ist b}$$

$$b = \frac{\omega \cdot F}{a \cdot \sigma_D} = \frac{2{,}46 \cdot 100.000}{16 \cdot 850} = 18 \text{ cm}$$

Querschnitt **16/18 cm** mit $A = 288$ cm²

$$\sigma = \frac{\omega \cdot F}{A}$$

$$= \frac{2{,}46 \cdot 100.000}{288} = 854 \text{ N/cm}^2 \approx \text{zul } \sigma_D$$

13. Druckstab

mit mittigem Kraftangriff

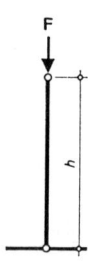

Gegeben: h = 4,00 m

F = 100 kN

Gesucht: Stützenquerschnitt aus Rundholz

Querschnitt geschätzt

$$\text{erf } A = 1{,}2 \cdot N + 7 \cdot s_k^2$$

N = F in kN, $s_k = h$ in m

$\text{erf } A = 1{,}2 \cdot 100 + 7 \cdot 4{,}00^2 = 232$ cm²

Querschnitt ∅ **18 cm** mit $A = 254$ cm², $i = 4{,}50$ cm

$$\lambda = \frac{s_k}{i} = \frac{400}{4,50} = 89, \quad \omega = 2,54$$

$$\sigma = \frac{\omega \cdot F}{A} = \frac{2,54 \cdot 100.000}{254}$$

$$= 1.000 \text{ N/cm}^2 < \text{zul } \sigma_D = 1,2 \cdot 850 = 1.020 \text{ N/cm}^2$$

14. Druckstab

mit mittigem Kraftangriff

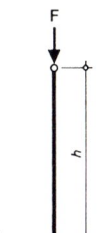

Gegeben: h = 4,00 m

F = 80.000 N

Schwellenbreite a = 14 cm

Gesucht: Stützenquerschnitt, wenn die Schmalseite
a = 14 cm beträgt

$s_k = h = 4,00$ m, $\quad i_z = 4,04$ cm

$$\lambda = \frac{s_k}{i_z} = \frac{400}{4,04} = 99, \quad \omega = 2,95$$

$$\sigma = \frac{\omega \cdot F}{A} = \frac{\omega \cdot F}{a \cdot b}, \quad \text{gesucht ist b}$$

$$b = \frac{\omega \cdot F}{a \cdot \sigma_D} = \frac{2,95 \cdot 80.000}{14 \cdot 850} = 20 \text{ cm}$$

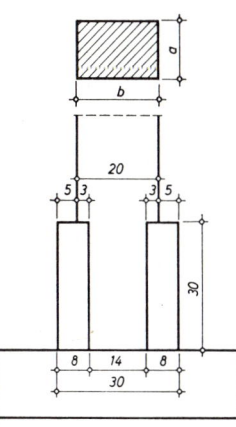

Querschnitt **14/20 cm**

Druck auf Schwelle

$$\sigma\bot = \frac{F}{A} = \frac{F}{a \cdot b}, \text{ da b gesucht ist}$$

$$b = \frac{F}{a \cdot \sigma\bot} = \frac{80.000}{14 \cdot 200} = 28,6 \text{ cm} > 20 \text{ cm}$$

Es wäre unwirtschaftlich, die ganze Stütze 14/28,6 cm stark auszuführen; die Aufsatzfläche wird durch zwei Knaggen verbreitert.

Knaggen **8/14 cm**, Einschnittiefe 3,0 cm

$$1 \text{ Knagge erhält } 80.000 \cdot \frac{8}{30} = 21.333 \text{ N}$$

am Einschnitt ist

$$\sigma = 1{,}5 \cdot \frac{21.333}{3 \cdot 14} = 762 \text{ N/cm}^2 < 850 \text{ N/cm}^2$$

15. Druckstab

mit mittigem Kraftangriff

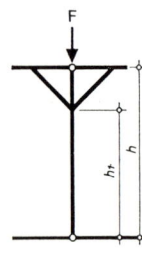

Gegeben: $h = 4{,}00$ m
$h_1 = 3{,}00$ m
$F = 100$ kN

Gesucht: Stützenquerschnitt

Querschnitt geschätzt

erf $A = 1{,}4 \cdot N + 9 \cdot s_k^2$

$N = F$ in kN, $\quad s_k = h$ in m

erf $A = 1{,}4 \cdot 100 + 9 \cdot 4{,}00^2$

$= 284$ cm²

$\lambda = \dfrac{s_k}{i}$, $\quad s_{ky} = 4{,}00$ m, $\quad s_{kz} = 3{,}00$ m

es soll sein $\lambda_y \approx \lambda_z$

demnach müßte $i_y = \dfrac{4{,}00}{3{,}00} \cdot i_z = 1{,}33 \, i_z$ sein

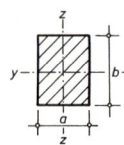

und das Seitenverhältnis

b : a = 1,33 : 1

Querschnitt **14/18 cm** mit

$A = 252$ cm², $\quad i_y = 5{,}20$ cm, $\quad i_z = 4{,}04$ cm

$\lambda_y = \dfrac{400}{5{,}20} = 77$, $\quad \omega = 2{,}10$

$\lambda_z = \dfrac{300}{4{,}04} = 74$

$\sigma = \dfrac{\omega \cdot F}{A}$

$= \dfrac{2{,}10 \cdot 100.000}{252} = 833 \text{ N/cm}^2 < 850 \text{ N/cm}^2$

16. Eingespannte Stütze

mit mittigem Kraftangriff

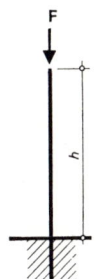

Gegeben: Eingespannte Stütze mit $h = 4,00$ m
Stützenkopf frei beweglich

$F = 100$ kN

Gesucht: Stützenquerschnitt

Querschnitt geschätzt

$$\text{erf } A = 1,4 \cdot N + 9 \cdot s_k^2$$

$N = F$ in kN, $\quad s_k = 2 \cdot h = 2 \cdot 4,00 = 8,00$ m

$\text{erf } A = 1,4 \cdot 100 + 9 \cdot 8,00^2$

$\quad\quad = 716$ cm^2

Querschnitt **22/26 cm** mit

$A = 572$ cm^2, $\quad i_z = 6,35$ cm,

$$\lambda_z = \frac{s_k}{i_z} = \frac{800}{6,35} = 126, \quad \omega = 4,76$$

$$\sigma = \frac{\omega \cdot F}{A}$$

$$= \frac{4,76 \cdot 100.000}{572} = 832 \text{ N/cm}^2 < 850 \text{ N/cm}^2$$

17. Stütze

mit mittigem Kraftangriff

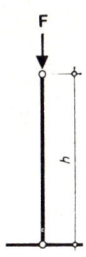

Gegeben: $h = 4,00$ m

Stützenquerschnitt 2 x 16/10 = 16/20 cm, die beiden Einzelquerschnitte sollen miteinander vernagelt werden.

Nagelabstand e' = 5,5 cm

Gesucht: Zulässige Last F

$s_k = h = 4,00$ m

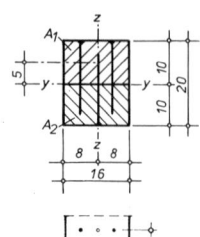

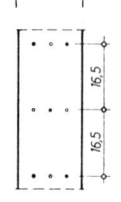

zum Querschnitt **16/20 cm**, $i_z = 4{,}62$ cm

$$A = 320 \text{ cm}^2$$

Nägel 60/180 mit zul $F_{Na} = 1.120$ N

In der Richtung $\perp$ zur y-Achse ist der Querschnitt nicht voll tragfähig, das Trägheitsmoment muß in dieser Richtung abgemindert werden nach der Formel

$$I_w = \Sigma I_1 + \gamma \cdot \Sigma (A_1 \cdot a_1^2)$$

$$\gamma = \frac{1}{1 + k}$$

$$k = \frac{\pi^2 \cdot E \cdot A_1 \cdot A_2 \cdot e'}{s_k^2 \cdot (A_1 + A_2) \cdot C}$$

es bedeuten:

ΣI_1 = Summe der Trägheitsmomente sämtlicher Einzelstäbe bezogen auf die y-Achse in cm^4

$A_{1,2}$ = Querschnittsflächen der Einzelstäbe in cm^2

a_1 = Abstand der Schwerachse der Flächen A_1 von der Achse y — y in cm

e' = Abstand der in eine Reihe geschobenen Verbindungsmittel in cm

E = Elastizitätsmodul des Holzes in N/cm^2

C = Verschiebungsmodul des Verbindungsmittels in N/cm

$$k = \frac{\pi^2 \cdot 10^6 \cdot 160 \cdot 160 \cdot 5{,}5}{400^2 \cdot (160 + 160) \cdot 6.000} = 4{,}5$$

$$\gamma = \frac{1}{1 + 4{,}5} = 0{,}18$$

I_{yw}: I_1 von 2 x 16/10 = 2 · 1333 = 2.666 cm^4

$\phantom{I_{yw}:}$ + 0,18 · 2 · (16 · 10) · 5^2 = 1.440 cm^4

$\phantom{I_{yw}: + 0,18 · 2 · (16 · 10) · 5^2 =}$ 4.106 cm^4

$$i_{yw} = \sqrt{\frac{I_{yw}}{A}} = \sqrt{\frac{4.106}{320}} = \sqrt{12{,}83} = 3{,}58 \text{ cm} < i_z = 4{,}62 \text{ cm}$$

$$\lambda_{yw} = \frac{400}{3{,}58} = 112, \qquad \omega_{yw} = 3{,}76$$

$$F = \frac{\sigma_D \cdot A}{\omega} = \frac{850 \cdot 320}{3{,}76} = 72.340 \text{ N}$$

Querkraft

$$Q_i = \frac{\omega \cdot F}{60} = \frac{3{,}76 \cdot 72.340}{60} = 4.533 \, N$$

oder

$$Q_i = \frac{A \cdot \sigma_D}{60} = \frac{320 \cdot 850}{60} = 4.533 \, N$$

Die Schubkraft in der Fuge beträgt

$$T = \frac{Q_i \cdot \gamma \cdot A_1 \cdot a_1}{I_w}$$
$$= \frac{4.533 \cdot 0{,}18 \cdot 160 \cdot 5{,}0}{4.106}$$

Nagelabstand

$$_{erf} e' = \frac{_{zul} F_{Na}}{T} = \frac{1.120}{159} = 7 \, cm > 5{,}5 \, cm$$

gewählt **3 Reihen Nägel**
Abstand der Nägel in einer Reihe $3 \cdot 5{,}5 = 16{,}5 \, cm$
Die Nägel sind zur Hälfte von jeder Seite versetzt einzuschlagen.

18. Stütze

mit mittigem Kraftangriff

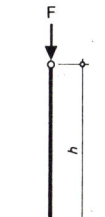

Gegeben: $h = 4{,}00 \, m$

Stützenquerschnitt

$12/16 + 8/16 = 16/20 \, cm$

Nagelabstand $e' = 6 \, cm$

Gesucht: Zulässige Last F

$s_k = h = 4{,}00 \, m$

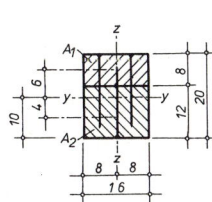

zum Querschnitt 16/20 cm $i_z = 4{,}62 \, cm$
$A_1 = 128 \, cm^2$, $A_2 = 192 \, cm^2$, $\Sigma A = 320 \, cm^2$
Lage der y-Achse vom unteren Rand:

$$y_o = \frac{128 \, (12 + 8/2) + 192 \cdot 12/2}{320} = 10{,}0 \, cm$$

Nägel 60/180 mit $_{zul} F_{Na} = 1.120 \, N$

In der Richtung $\perp$ zur y-Achse ist der Querschnitt nicht voll tragfähig, das Trägheitsmoment muß in dieser Richtung abgemindert werden nach der Formel

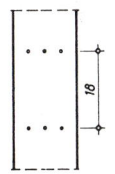

$$I_w = \Sigma I_1 + \gamma \cdot \Sigma \, (A_1 \cdot a_1^2)$$

$$\gamma = \frac{1}{1 + k}$$

$$k = \frac{\pi^2 \cdot E \cdot A_1 \cdot A_2 \cdot e'}{s_k^2 \cdot (A_1 + A_2) \cdot C}$$

Erläuterung siehe Beispiel 17

$$k = \frac{\pi^2 \cdot 10^6 \cdot 128 \cdot 192 \cdot 6}{400^2 \cdot (128 + 192) \cdot 6.000} = 4,74$$

$$\gamma = \frac{1}{1 + 4,74} = 0,17$$

I_{yw}:

$\quad I_1$ von 16/8 $\quad\quad = \quad 683 \text{ cm}^4$

$\quad I_1$ von 16/12 $\quad = \quad 2.304 \text{ cm}^4$

$\quad + \; 0,17 \cdot 128 \cdot 6^2 = \quad 783 \text{ cm}^4$

$\quad + \; 0,17 \cdot 192 \cdot 4^2 = \quad \underline{522 \text{ cm}^4}$

$\quad\quad\quad\quad\quad\quad\quad\quad\quad\quad 4.292 \text{ cm}^4$

$$i_{yw} = \sqrt{\frac{I_{yw}}{A}} = \sqrt{\frac{4.292}{320}} = \sqrt{13,4} = 3,66 \text{ cm} < i_z = 4,62 \text{ cm}$$

$$\lambda_{yw} = \frac{400}{3,66} = 109, \quad \omega_{yw} = 3,57$$

$$F = \frac{\sigma_D \cdot A}{\omega} = \frac{850 \cdot 320}{3,57} = 76.190 \text{ N}$$

Querkraft

$$Q_i = \frac{\omega \cdot F}{60} = \frac{3,57 \cdot 76.190}{60} = 4.533 \text{ N}$$

oder

$$Q_i = \frac{A \cdot \sigma_D}{60} = \frac{320 \cdot 850}{60} = 4.533 \text{ N}$$

Die Schubkraft in einer Fuge beträgt

$$T = \frac{Q_i \cdot \gamma \cdot A_1 \cdot a_1}{I_w}$$

$$= \frac{4.533 \cdot 0,17 \cdot 128 \cdot 6,0}{4.292} = 137,9 \text{ N/cm}$$

$$e' = \frac{\text{zul } F_{Na}}{T} = \frac{1.120}{137,9} = 8 \text{ cm} > 6 \text{ cm}$$

gewählt **3 Reihen Nägel**

Abstand der Nägel in einer Reihe $3 \cdot 6,0 = 18$ cm

19. Stütze

mit mittigem Kraftangriff

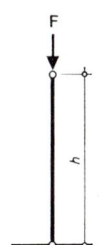

Gegeben: h = 4,00 m
Stützenquerschnitt
2 × 6/16 + 8/16 = 16/20 cm
die drei Einzelquerschnitte sollen miteinander vernagelt werden
Nagelabstand e' = 4,5 cm

Gesucht: Zulässige Last F

s_k = h = 4,00 m

zum Querschnitt 16/20 cm, i_z = 4,62 cm

A_1 = 96 cm², A_2 = 128 cm², ΣA = 320 cm²

Nägel 60/180 mit zul $F_{Na} = \left(1.120 + \dfrac{1.120 \cdot 4{,}0}{8 \cdot 0{,}6}\right) : 2 = 1.027$ N

Die Nagelspitze dringt nur 4 cm in das 3. Holz ein, die Tragfähigkeit muß daher von 1.120 N auf 1.027 N abgemindert werden.

In der Richtung ⊥ zur y-Achse ist der Querschnitt nicht voll tragfähig, das Trägheitsmoment muß in dieser Richtung abgemindert werden nach der Formel

$I_w = \Sigma I_1 + \gamma \cdot \Sigma (A_1 \cdot a_1^2)$

$\gamma = \dfrac{1}{1+k}$, $k = \dfrac{\pi^2 \cdot E \cdot A_1 \cdot e'}{s_k^2 \cdot C}$

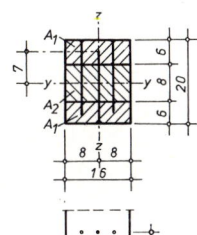

Erläuterung siehe Beispiel 17

$k = \dfrac{\pi^2 \cdot 10^6 \cdot 96 \cdot 4{,}5}{400^2 \cdot 14.000} = 1{,}90$

$\gamma = \dfrac{1}{1 + 1{,}90} = 0{,}34$

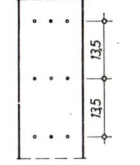

I_{yw}:

I_1 von 2 × 16/6 = 2 · 288 = 576 cm⁴
I_1 von 16/8 = 683 cm⁴
+ 0,34 · 2 · 96 · 7² = 3.199 cm⁴
   ─────────
   4.458 cm⁴

$$i_{yw} = \sqrt{\frac{I_{yw}}{A}} = \sqrt{\frac{4.458}{320}} = \sqrt{13,9} = 3,73 \text{ cm} < i_z = 4,62 \text{ cm}$$

$$\lambda_{yw} = \frac{400}{3,73} = 107, \quad \omega_{yw} = 3,44$$

$$F = \frac{\sigma_D \cdot A}{\omega} = \frac{850 \cdot 320}{3,44} = 79.070 \text{ N}$$

Querkraft

$$Q_i = \frac{\omega \cdot F}{60} = \frac{3,44 \cdot 79.070}{60} = 4.533 \text{ N}$$

oder

$$Q_i = \frac{A \cdot \sigma_D}{60} = \frac{320 \cdot 850}{60} = 4.533 \text{ N}$$

Die Schubkraft in einer Fuge beträgt

$$T = \frac{Q_i \cdot \gamma \cdot A_1 \cdot a_1}{I_w}$$

$$= \frac{4.533 \cdot 0,34 \cdot 96 \cdot 7}{4.458} = 232 \text{ N/cm}$$

$$\text{erf } e' = \frac{\text{zul } F_{Na}}{T} = \frac{1.027}{232} \approx 4,5 \text{ cm}$$

gewählt **3 Reihen Nägel**

Abstand der Nägel in einer Reihe = $3 \cdot 4,5 \approx 13,5$ cm

Die Nägel sind zur Hälfte von jeder Seite versetzt einzuschlagen.

20. Stütze

mit mittigem Kraftangriff

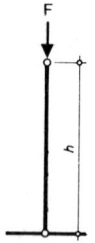

Gegeben: h = 4,00 m

Stützenquerschnitt als I

Steg 5/14 cm, Flansche 5/20 cm

Die Einzelquerschnitte sollen miteinander vernagelt werden.

Gesucht: Zulässige Last F

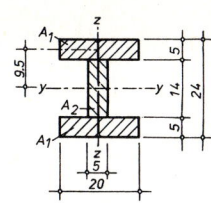

$s_k = h = 4{,}00$ m,   Nägel 42/110 mit zul $F_{Na} = 625$ N

$A_1 = 5 \cdot 20 = 100$ cm², $F_2 = 5 \cdot 14 = 70$ cm²

$\Sigma A = 2 \cdot 100 + 70 = 270$ cm²

Mindestabstand der Nägel $10 \cdot 0{,}42 = 4{,}2$ cm

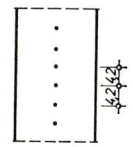

$$I_z = 2 \cdot 5 \cdot 20^3/12 = 6.667 \text{ cm}^4$$
$$+ 14 \cdot 5^3/12 = \underline{146 \text{ cm}^4}$$
$$6.813 \text{ cm}^4$$

In der Richtung ⊥ zur y-Achse ist der Querschnitt nicht voll tragfähig; das Trägheitsmoment muß in dieser Richtung abgemindert werden nach der Formel

$$I_w = \Sigma I_1 + \gamma \cdot \Sigma (A_1 \cdot a_1^2)$$

$$\gamma = \frac{1}{1+k}, \quad k = \frac{\pi^2 \cdot E \cdot A_1 \cdot e'}{s_k^2 \cdot C}$$

Erläuterung siehe Beispiel 17

$$k = \frac{\pi^2 \cdot 10^6 \cdot 100 \cdot 4{,}2}{400^2 \cdot 6.000} = 4{,}32$$

$$\gamma = \frac{1}{1+4{,}32} = 0{,}188$$

I_{yw}:

I_1 von $2 \times 20/5 = 2 \cdot 208 = \quad 416$ cm⁴

I_1 von $5/14 \qquad\qquad = 1.143$ cm⁴

$+ 0{,}188 \cdot 2 \cdot 100 \cdot 9{,}5^2 = \underline{3.393 \text{ cm}^4}$

$\qquad\qquad\qquad\qquad\quad 4.952$ cm⁴

$$i_{yw} = \sqrt{\frac{I_{yw}}{A}} = \sqrt{\frac{4.952}{270}} = \sqrt{18{,}3} = 4{,}3 \text{ cm}$$

$$i_z = \sqrt{\frac{I_z}{A}} = \sqrt{\frac{6.813}{270}} = \sqrt{25{,}2} = 5{,}02 \text{ cm}$$

$\lambda_y = 400/4{,}3 = 93, \qquad \omega_x = 2{,}70$

$\lambda_z = 400/5{,}02 = 80, \qquad \omega_y = 2{,}20$

$$F = \frac{\sigma_D \cdot A}{\omega} = \frac{850 \cdot 270}{2{,}70} = \mathbf{85.000 \text{ N}}$$

Querkraft

$$Q_i = \frac{\omega_y \cdot F}{60} = \frac{2{,}70 \cdot 85.000}{60} = 3.825 \text{ N}$$

oder

$$Q_i = \frac{A \cdot \sigma_D}{60} = \frac{270 \cdot 850}{60} = 3.825 \text{ N}$$

Die Schubkraft in der Fuge beträgt

$$T = \frac{Q_i \cdot \gamma \cdot A_1 \cdot a_1}{I_w}$$

$$= \frac{3.825 \cdot 0{,}188 \cdot 100 \cdot 9{,}5}{4.952} = 138 \text{ N/cm}$$

$$\text{erf } e' = \frac{\text{zul } F_{Na}}{T} = \frac{625}{138} = 4{,}5 \text{ cm} > 4{,}2 \text{ cm}$$

21. Stütze

mit mittigem Kraftangriff

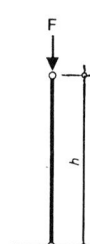

Gegeben: h = 4,00 m

Stützenquerschnitt 2 x 8/20 cm nach Skizze

Abstand der Zwischenhölzer s_1 = 1,22 m

Zwischenhölzer gedübelt

Gesucht: Zulässige Last F für die y-Achse

Der Querschnitt hat folgende statische Werte

Einzelstab 8/20 cm,

$A = 8 \cdot 20 = 160 \text{ cm}^2$,

$\min i$ (8 cm) = 2,31 cm,

$\lambda_1 = \frac{s_1}{i} = \frac{122}{2{,}31} = 53 < 60$

Gesamtstab

$A = 2 \cdot 160 = \quad 320 \text{ cm}^2$

i_z (20 cm) $= \quad 5{,}77 \text{ cm}$

I_{yo} von 20/28 = 36.587 cm^4
— von 20/12 = —2.880 cm^4
33.707 cm^4

$i_{yo} = \sqrt{\dfrac{33.707}{320}} = \sqrt{105} = 10{,}3 \text{ cm}$

$$\lambda_{yo} = \frac{s_k}{i} = \frac{400}{10,3} = 39, \quad \lambda_{yw} = \sqrt{\lambda_{yo}^2 + C \cdot \frac{m}{2} \cdot \lambda_1^2}$$

C (für gedübelte Zwischenhölzer) = 2,5

m (Anzahl der Einzelstäbe) = 2

$$\lambda_{yw} = \sqrt{39^2 + 2,5 \cdot \frac{2}{2} \cdot 53^2}$$

$$= \sqrt{8.544} = 93, \quad \omega = 2,70$$

$$F = \frac{\sigma_D \cdot A}{\omega} = \frac{850 \cdot 320}{2,70} = 100.740 \text{ N}$$

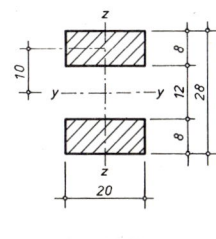

Querkraft

$$Q_i = \frac{\omega \cdot F}{60} = \frac{2,70 \cdot 100.740}{60} = 4.533 \text{ N}$$

oder

$$Q_i = \frac{\sigma_D \cdot A}{60} = \frac{850 \cdot 320}{60} = 4.533 \text{ N}$$

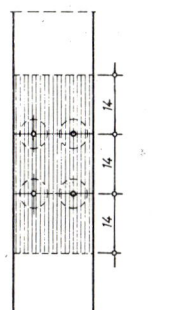

Schubkraft am Zwischenholz

$$T = \frac{Q_i \cdot s_1}{2 \, a_1} = \frac{4.533 \cdot 122}{2 \cdot 10} = 27.653 \text{ N}$$

oder

$$T_o = \frac{Q_i \cdot S_y}{I_o}, \quad S_y = 8 \cdot 20 \cdot 10 = 1.600 \text{ cm}^3$$

$$T_o = \frac{4.533 \cdot 1.600}{33.707} = 215 \text{ N/cm}$$

$$T = T_o \cdot s_1 = 215 \cdot 122 = 26.250 \text{ N}$$

Für den Anschluß der Zwischenhölzer an die Stützenhölzer sind (nach DIN 1052, Teil 1) mindestens je 2 Dübel mit einer Tragkraft von zusammen ≥ 27.653 N erforderlich.

In der z-Achse würde die Stütze tragen

$$\lambda = \frac{s_k}{i_z} = \frac{400}{5,77} = 69, \quad \omega = 1,85$$

$$F = \frac{\sigma_D \cdot A}{\omega} = \frac{850 \cdot 320}{1,85} = 147.027 \text{ N} > 100.740 \text{ N}$$

22. Stütze

mit mittigem Kraftangriff

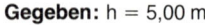

Gegeben: h = 5,00 m
Stützenquerschnitt 3 × 6/20 cm nach Skizze
Abstand der Zwischenhölzer s_1 = 0,93 m,
Zwischenhölzer gedübelt

Gesucht: Zulässige Last F für die y-Achse

Der Querschnitt hat folgende statische Werte

Einzelstab 6/20 cm

A = 6 · 20   = 120 cm²

min i (6 cm)   = 1,73 cm

$$\lambda_1 = \frac{s_1}{i} = \frac{93}{1,73} = 54 \ < 60$$

Gesamtstab

A = 3 · 6 · 20   = 360 cm²

i_z (20 cm)   = 5,77 cm

I_{yo} von 3 × 20/6 = 3 · 360   = 1.080 cm⁴

+ 2 · 6 · 20 · 18²   = 77.760 cm⁴

   78.840 cm⁴

$$i_{yo} = \sqrt{\frac{78.840}{360}} = \sqrt{219} = 14,8 \text{ cm}$$

$$\lambda_{yo} = \frac{s_k}{i} = \frac{500}{14,8} = 34$$

$$\lambda_{yw} = \sqrt{\lambda_{yo}^2 + C \cdot \frac{m}{2} \cdot \lambda_1^2}$$

C (für gedübelte Zwischenhölzer) = 2,5

m (Anzahl der Einzelstäbe)   = 3

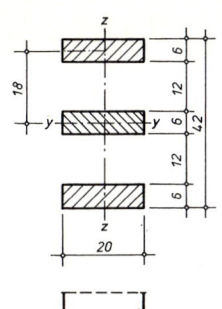

$$\lambda_{yw} = \sqrt{34^2 + 2{,}5 \cdot \frac{3}{2} \cdot 54^2}$$

$$= \sqrt{12.108} = 110, \quad \omega = 3{,}63$$

$$F = \frac{\sigma_D \cdot A}{\omega} = \frac{850 \cdot 360}{3{,}63} = \mathbf{84.298\ N}$$

Querkraft

$$Q_i = \frac{\omega \cdot F}{60} = \frac{3{,}63 \cdot 84.298}{60} = 5.100\ N$$

oder

$$Q_i = \frac{\sigma_D \cdot A}{60} = \frac{850 \cdot 360}{60} = 5.100\ N$$

Schubkraft am Zwischenholz

$$T = \frac{Q_i \cdot s_1}{2\,a_1} = \frac{5.100 \cdot 93}{2 \cdot 18} = 13.175\ N$$

Für den Anschluß der Zwischenhölzer an die Stützenhölzer sind (nach DIN 1052, Teil 1) mindestens je 2 Dübel mit einer Tragkraft von zusammen $\geqq$ 13.175 N erforderlich.

In der z-Achse würde die Stütze tragen

$$\lambda = \frac{s_k}{i} = \frac{500}{5{,}77} = 87, \quad \omega = 2{,}46$$

$$F = \frac{\sigma_D \cdot A}{\omega} = \frac{850 \cdot 360}{2{,}46} = 124.390\ N > 84.298\ N$$

23. Stütze

mit mittigem Kraftangriff

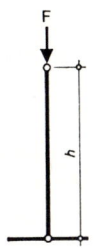

Gegeben: h = 5,00 m

Stützenquerschnitt 4 × 10/10 cm nach Skizze

Abstand der Zwischenhölzer s_1 = 1,55 m

Zwischenhölzer gedübelt

Gesucht: Zulässige Last F

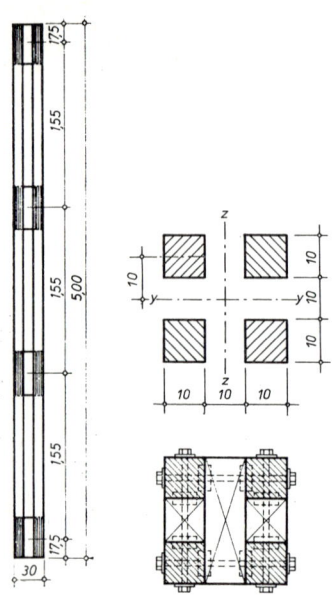

Der Querschnitt hat folgende statische Werte

Einzelstab 10/10 cm

$A = 10 \cdot 10 = 100 \text{ cm}^2$

$i = 2{,}89 \text{ cm}$

$\lambda_1 = \dfrac{s_1}{i} = \dfrac{155}{2{,}89} = 54 < 60$

Gesamtstab

$A = 4 \cdot 10 \cdot 10 = 400 \text{ cm}^2$

I_o von 20/30 $= 45.000 \text{ cm}^4$

— von 20/10 $= -1.667 \text{ cm}^4$

$\overline{43.333 \text{ cm}^4}$

$i_o = \sqrt{\dfrac{43.333}{400}} = \sqrt{108} = 10{,}4 \text{ cm}$

$\lambda_o = \dfrac{s_k}{i} = \dfrac{500}{10{,}4} = 48$

$\lambda_w = \sqrt{\lambda_o^2 + C \cdot \dfrac{m}{2} \cdot \lambda_1^2}$

C (für gedübelte Zwischenhölzer) = 2,5
m (Anzahl der Einzelstäbe in einer Richtung) = 2

$\lambda_w = \sqrt{48^2 + 2{,}5 \cdot \dfrac{2}{2} \cdot 54^2}$

$= \sqrt{9.594} = 98, \quad \omega = 2{,}91$

$F = \dfrac{\sigma_D \cdot A}{\omega} = \dfrac{850 \cdot 400}{2{,}91} = \mathbf{116.838 \text{ N}}$

Querkraft

$Q_i = \dfrac{\omega \cdot F}{60} = \dfrac{2{,}91 \cdot 116.838}{60} = 5.667 \text{ N}$

oder

$Q_i = \dfrac{\sigma_D \cdot A}{60} = \dfrac{850 \cdot 400}{60} = 5.667 \text{ N}$

Schubkraft am Zwischenholz

$T = \dfrac{Q_i \cdot s_1}{2 \text{ a}} = \dfrac{5667 \cdot 155}{2 \cdot 10} = 43.919 \text{ N}$

Für den Anschluß der Zwischenhölzer an die Stützenhölzer sind (nach DIN 1052, Teil 1) mindestens je 2 × 2 Dübel mit einer Tragkraft von zusammen ≥ 43.919 N erforderlich (je Dübel 10.980 N).

Biege-Festigkeit

24. Deckenbalken als Einfeldträger

mit gleichmäßig verteilter Last

auf Mauerwerk gelagert

Gegeben: Lichte Raumweite w = 4,00 m

Balkenabstand (von Mitte zur Mitte) e = 0,80 m

Lasten:

Fußboden 0,80 · 200	=	160 N/m
Balken (geschätzt)	=	150 N/m
Einschubdecke + Latten (0,80—0,10) · 160	=	112 N/m
8 cm Schlacke (0,80—0,10) · 8 · 100	=	560 N/m
Deckenputz einschl. Latten 0,80 · 400	=	320 N/m
	g =	1.302 N/m
Nutzlast für Wohnräume 0,80 · 2000	p =	1.600 N/m
	q =	2.902 N/m

Gesucht: Balkenquerschnitt

Stützweite ℓ = lichte Weite + 5%

$\ell = 1,05 \cdot w = 1,05 \cdot 4,00 = 4,20$ m

Auflagerkräfte:

$A = B = Q = 0,5 \cdot q \cdot \ell = 0,5 \cdot 2.902 \cdot 4,20 = 6.094$ N

Biegemoment:

$\max M = 0,125 \cdot q \cdot \ell^2 = 0,125 \cdot 2.902 \cdot 4,20^2 = $ 6.399 Nm

$= 639.900$ Ncm

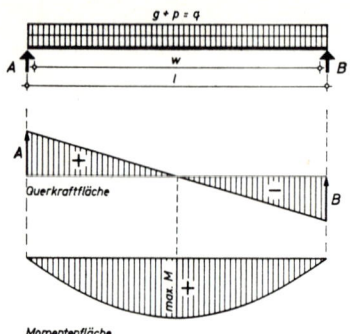

erforderliches Widerstandsmoment

$$\text{erf } W_y = \frac{M}{\sigma_B}, \quad \sigma_B = 1.000 \text{ N/cm}^2$$

$$= \frac{639.900}{1.000} = 640 \text{ cm}^2$$

erforderliches Trägheitsmoment infolge Durchbiegung für eine zulässige Durchbiegung von

$$\text{zul } f = \frac{\ell}{300} \text{ und } E = 10^6 \text{ N/cm}^2$$

$$\text{erf } I_y = 0,313 \cdot M \cdot \ell$$

$$= 0,313 \cdot 6.399 \cdot 4,20 = 8.412 \text{ cm}^4$$

Querschnitt **10/22 cm**

mit $I_y = 8.873 \text{ cm}^4$, $W_y = 807 \text{ cm}^3$, $A = 220 \text{ cm}^2$

Biegespannung

$$\sigma = \frac{M}{W_y} = \frac{639.900}{807} = 793 \text{ N/cm}^2 < 1.000 \text{ N/cm}^2$$

Schubspannung

$$\tau = 1,5 \frac{Q}{A} = 1,5 \cdot \frac{6.094}{220} = 42 \text{ N/cm}^2 < 90 \text{ N/cm}^2$$

rechnerische Durchbiegung

$$f = 0,01302 \cdot \frac{q \cdot \ell^4}{I_y}, \quad f \text{ in cm}, \ q \text{ in N/m}, \ \ell \text{ in m}$$

$$= 0,01302 \cdot \frac{2.902 \cdot 4,20^4}{8.873}$$

$$= 1,32 \text{ cm} < \frac{420}{300} = 1,40 \text{ cm}$$

25. Deckenbalken

mit einer Einzellast

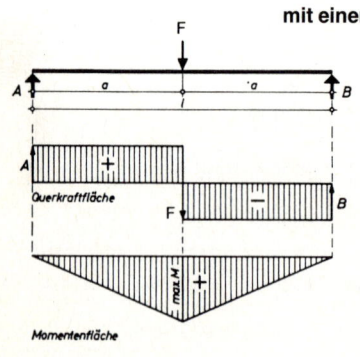

Gegeben: Stützweite $\ell = 420$ cm

$a = 4,20/2 = 2,10$ m

Last $F = 10.000$ N

Gesucht: Balkenquerschnitt

Auflagerkräfte

$A = B = Q = 0,5 \cdot F = 0,5 \cdot 10.000$

$= 5.000$ N

Biegemoment

$$\max M = 0{,}25 \cdot F \cdot \ell$$
$$= 0{,}25 \cdot 10.000 \cdot 4{,}20$$
$$= 10.500 \text{ Nm} = 1.050.000 \text{ Ncm}$$

oder

$$\max M = A \cdot a$$
$$= 5.000 \cdot 2{,}10$$
$$= 10.500 \text{ Nm} = 1.050.000 \text{ Ncm}$$

erforderliches Widerstandsmoment

$$\text{erf } W_y = \frac{M}{\sigma_B} = \frac{1.050.000}{1.000} = 1.050 \text{ cm}^3$$

erforderliches Trägheitsmoment infolge Durchbiegung
für eine zulässige Durchbiegung von

$$f = \frac{\ell}{300} \text{ und } E = 10^6 \text{ N/cm}^2$$

$$\text{erf } I_y = 0{,}25 \cdot M \cdot \ell$$
$$= 0{,}25 \cdot 10.500 \cdot 4{,}20$$
$$= 11.025 \text{ cm}^4$$

Querschnitt **11/24 cm**

mit $I_y = 12.672 \text{ cm}^4$, $W_y = 1.056 \text{ cm}^3$, $A = 264 \text{ cm}^2$

Biegespannung

$$\sigma = \frac{M}{W_y} = \frac{1.050.000}{1.056} = 994 \text{ N/cm}^2 < \text{zul } \sigma_B$$

Schubspannung

$$\tau = 1{,}5 \frac{Q}{A} = 1{,}5 \cdot \frac{5.000}{264} = 28 \text{ N/cm}^2 < 90 \text{ N/cm}^2$$

rechnerische Durchbiegung

$$f = 0{,}02083 \cdot \frac{F \cdot \ell^3}{I_y}, \quad \text{f in cm, } \ell \text{ in m}$$

$$= 0{,}02083 \cdot \frac{10.000 \cdot 4{,}20^3}{12.672}$$

$$= 1{,}22 \text{ cm} < \frac{420}{300} = 1{,}40 \text{ cm}$$

26. Deckenbalken

mit einer Einzellast

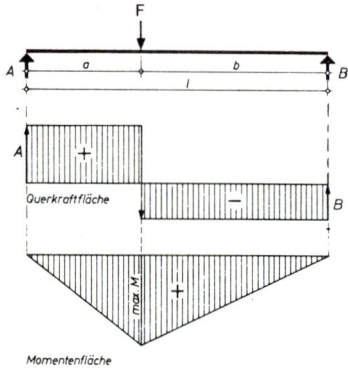

Gegeben: Stützweite $\ell = 4{,}20\ \text{m}$
$a = 1{,}60\ \text{m}$
$b = 2{,}60\ \text{m}$
Last $F = 10.000\ \text{N}$

Gesucht: Balkenquerschnitt

Auflagerkräfte

$$A = \frac{F \cdot a}{\ell} = \frac{10.000 \cdot 2{,}60}{4{,}20} = 6.191\ \text{N}$$

$$B = \frac{F \cdot a}{\ell} = \frac{10.000 \cdot 1{,}60}{4{,}20} = 3.809\ \text{N}$$

Biegemoment

$\max M = A \cdot a = 6.191 \cdot 1{,}60 \qquad = 9.905\ \text{Nm}$

oder $\quad B \cdot b = 3.809 \cdot 2{,}60 \qquad = 9.905\ \text{Nm}$

oder $\quad \dfrac{F \cdot a \cdot b}{\ell} = \dfrac{10.000 \cdot 1{,}60 \cdot 2{,}60}{4{,}20} = 9.905\ \text{Nm}$

$\max M = 990.500\ \text{Ncm}$

erforderliches Widerstandsmoment

$$\text{erf } W_y = \frac{M}{\sigma_B} = \frac{990.500}{1.000} = 990\ \text{cm}^3$$

erforderliches Trägheitsmoment infolge Durchbiegung für eine zulässige Durchbiegung von

$$\text{zul } f = \frac{\ell}{300} \quad \text{und } E = 10^6\ \text{N/cm}^2$$

$$\text{erf } I_y = 0{,}0625 \cdot \frac{M \cdot (3\,\ell^2 - 4\,b^2)}{a}$$

$3\,\ell^2 = 3 \cdot 4{,}20^2 = 52{,}9$

$-4\,b^2 = 4 \cdot 2{,}60^2 = -27{,}1$

$\phantom{-4\,b^2 = 4 \cdot 2{,}60^2 = } \overline{25{,}8}$

$$\text{erf } I_y \approx 0{,}0625 \cdot \frac{9.905 \cdot 25{,}8}{1{,}60}$$

$= 9.982\ \text{cm}^4$

Querschnitt **16/20 cm**

mit $I_y = 10.667$ cm^4, $W_y = 1.067$ cm^3, $A = 320$ cm^2

Biegespannung

$$\sigma = \frac{M}{W_y} = \frac{990.500}{1.067} = 928 \text{ N/cm}^2 < 1.000 \text{ N/cm}^2$$

Schubspannung

$$\tau = 1{,}5 \frac{\max Q}{A} = 1{,}5 \frac{6.191}{320} = 29 \text{ N/cm}^2 < 90 \text{ N/cm}^2$$

rechnerische Durchbiegung

$$f \approx 0{,}0208 \frac{F \cdot b \cdot (3\,\ell^2 - 4\,b^2)}{I_y}, \quad f \text{ in cm}, \ \ell \text{ und } b \text{ in m}$$

$$\approx 0{,}0208 \frac{10.000 \cdot 2{,}60 \cdot 25{,}8}{10.667}$$

$$\approx 1{,}31 \text{ cm} < \frac{420}{300} = 1{,}40 \text{ cm}$$

27. Deckenbalken

mit 3 Einzellasten

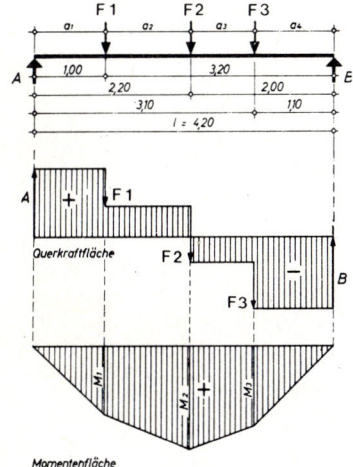

Momentenfläche

Gegeben: Stützweite $\ell = 4{,}20$ m

$a_1 = 1{,}00$ m

$a_2 = 1{,}20$ m

$a_3 = 0{,}90$ m

$a_4 = 1{,}10$ m

Lasten $F_1 = 4.000$ N

$F_2 = 6.000$ N

$F_3 = 5.000$ N

Gesucht: Balkenquerschnitt

Auflagerkräfte

$$A = \frac{\Sigma (F \cdot b)}{\ell}, \quad b = \text{Abstand der Last von B}$$

$$A = \quad 4.000 \cdot 3,20 = 12.800$$
$$+ 6.000 \cdot 2,00 = 12.000$$
$$+ 5.000 \cdot 1,10 = 5.500$$
$$\overline{30.300} : 4,20 = 7.214 \text{ N}$$

$B = \dfrac{\Sigma (F \cdot a)}{\ell}$, $\quad$ a = Abstand der Last von A

$$= \quad 4.000 \cdot 1,00 = 4.000$$
$$+ 6.000 \cdot 2,20 = 13.200$$
$$+ 5.000 \cdot 3,10 = 15.500$$
$$\overline{32.700} : 4,20 = 7.786 \text{ N}$$

es muß sein

$\Sigma F = A + B$

$\Sigma F = 4.000 + 6.000 + 5.000 = 15.000 \text{ N}$

$A + B = 7.214 + 7.786 = 15.000 \text{ N}$

Biegemoment

M unter F_1

$M_1 = A \cdot a_1 = 7.214 \cdot 1,00 = + 7.214 \text{ Nm}$

M unter F_2

$M_2 = A \cdot (a_1 + a_2) - F_1 \cdot a_2$

$ = + 7.214 \cdot (1,00 + 1,20) = + 15.870 \text{ Nm}$

$ - 4.000 \cdot 1,20 = - 4.800 \text{ Nm}$

$ \overline{+ 11.070 \text{ Nm}}$

M unter F_3

$M_3 = B \cdot a_4$

$ = 7.786 \cdot 1,10 = + 8.565 \text{ Nm}$

oder

$M_3 = + 7.214 \cdot 3,10 = + 22.363 \text{ Nm}$

$ - 4.000 \cdot 2,10 = - 8.400 \text{ Nm}$

$ - 6.000 \cdot 0,90 = - 5.400 \text{ Nm}$

$ \overline{+ 8.563 \text{ Nm}}$

max $M = M_2 = 11.070 \text{ Nm} = 1.107.000 \text{ Ncm}$

erforderliches Widerstandsmoment

$$\text{erf } W_y = \frac{M}{\sigma_B} = \frac{1.107.000}{1.000} = 1.107 \text{ cm}^3$$

erforderliches Trägheitsmoment infolge Durchbiegung für eine zulässige Durchbiegung von

$$\text{zul } f = \frac{\ell}{300} \text{ und } E = 10^6 \text{ N/cm}^2$$

$$\text{erf } I_y \approx 0{,}313 \cdot M \cdot \ell$$

$$\approx 0{,}313 \cdot 11.070 \cdot 4{,}20$$

$$\approx 14.552 \text{ cm}^4$$

Querschnitt **10/26 cm**

mit $I_y = 14.647 \text{ cm}^4$, $W_y = 1.127 \text{ cm}^3$, $A = 260 \text{ cm}^2$

Biegespannung

$$\sigma = \frac{M}{W_y} = \frac{1.107.000}{1.127} = 982 \text{ N/cm}^2 < 1.000 \text{ N/cm}^2$$

Schubspannung

$$\tau = 1{,}5 \frac{Q_B (Q_A)}{A} = 1{,}5 \cdot \frac{7.786}{260} - 45 \text{ N/cm}^2 < 90 \text{ N/cm}^2$$

rechnerische Durchbiegung

$$f \approx 0{,}104 \frac{M \cdot \ell^2}{I}, \quad f \text{ in cm, } M \text{ in Nm, } \ell \text{ in m}$$

$$\approx 0{,}104 \frac{11.070 \cdot 4{,}20^2}{14.647}$$

$$\approx 1{,}39 \text{ cm} < \frac{420}{300} = 1{,}40 \text{ cm}$$

28. Deckenbalken

als Einfeldträger mit gleichmäßig verteilter Last und einer Einzellast

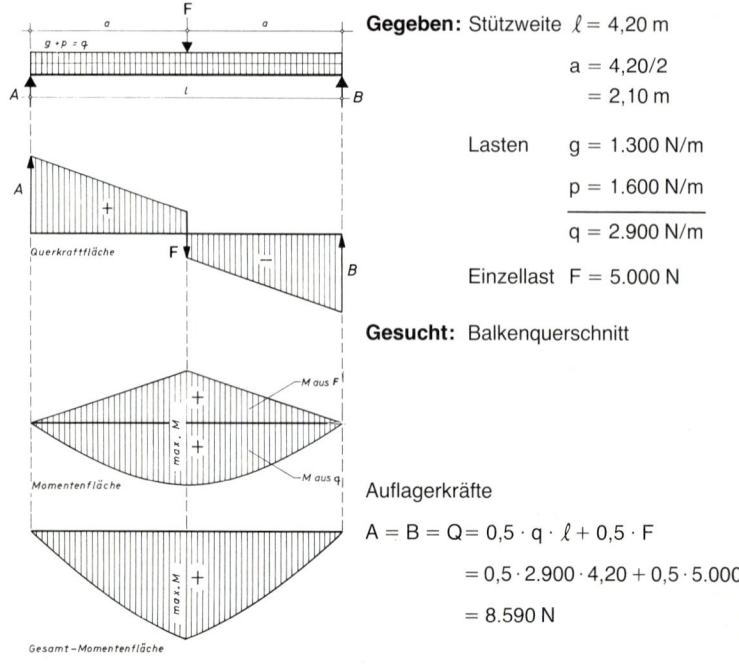

Gegeben: Stützweite $\ell = 4{,}20$ m

$a = 4{,}20/2$
$ = 2{,}10$ m

Lasten $g = 1.300$ N/m
$p = 1.600$ N/m
$q = 2.900$ N/m

Einzellast $F = 5.000$ N

Gesucht: Balkenquerschnitt

Auflagerkräfte

$A = B = Q = 0{,}5 \cdot q \cdot \ell + 0{,}5 \cdot F$
$ = 0{,}5 \cdot 2.900 \cdot 4{,}20 + 0{,}5 \cdot 5.000$
$ = 8.590$ N

Biegemoment

$\max M = 0{,}125 \cdot q \cdot \ell^2 + 0{,}25 \cdot F \cdot \ell$
$ = 0{,}125 \cdot 2.900 \cdot 4{,}20^2 + 0{,}25 \cdot 5.000 \cdot 4{,}20$
$ = 6.395 + 5.250$
$ = 11.645$ Nm $= 1.164.500$ Ncm

erforderliches Widerstandsmoment

$\text{erf } W_y = \dfrac{M}{\sigma_B}, \quad \sigma_B = 1.000 \text{ N/cm}^2$

$\phantom{\text{erf } W_y} = \dfrac{1.164.500}{1.000} = 1.165 \text{ cm}^3$

erforderliches Trägheitsmoment infolge Durchbiegung für eine zulässige Durchbiegung von

$\text{zul } f = \dfrac{\ell}{300}$ und $E = 10^6$ N/cm^2

erf $I_y = 0{,}313 \cdot M_q \cdot \ell + 0{,}25 \cdot M_F \cdot \ell$

$ = 0{,}313 \cdot 6{.}395 \cdot 4{,}20 + 0{,}25 \cdot 5{.}250 \cdot 4{,}20$

$ = 8{.}407 + 5{.}513 = 13{.}920 \text{ cm}^4$

Querschnitt **11/26 cm**

mit $I_y = 16{.}111 \text{ cm}^4$, $W_y = 1{.}239 \text{ cm}^3$, $A = 286 \text{ cm}^2$

Biegespannung

$$\sigma = \frac{M}{W_y} = \frac{1{.}164{.}500}{1{.}239} = 940 \text{ N/cm}^2 < 1{.}000 \text{ N/cm}^2$$

Schubspannung

$$\tau = 1{,}5 \frac{Q}{A} = 1{,}5 \cdot \frac{8{.}590}{286} = 45 \text{ N/cm}^2 < 90 \text{ N/cm}^2$$

rechnerische Durchbiegung

$$f = 0{,}01302 \cdot \frac{q \cdot \ell^4}{I_y} + 0{,}02083 \cdot \frac{F \cdot \ell^3}{I_y}, \text{ f in cm, q in N/m, } \ell \text{ in m}$$

$$= 0{,}01302 \cdot \frac{2{.}900 \cdot 4{,}20^4}{16{.}111} + 0{,}02083 \cdot \frac{5{.}000 \cdot 4{,}20^3}{16{.}111}$$

$$= 0{,}73 + 0{,}48$$

$$= 1{,}21 \text{ cm} < \frac{420}{300} = 1{,}40 \text{ cm}$$

29. Deckenbalken

mit gleichmäßig verteilter Last und 2 Einzellasten

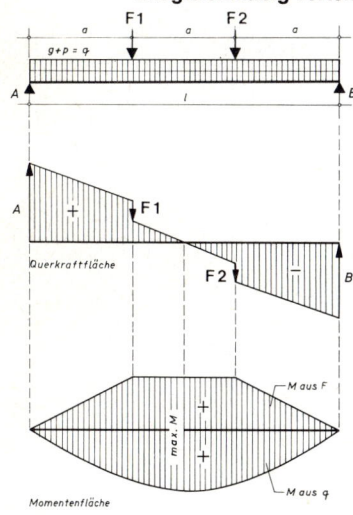

Querkraftfläche

Momentenfläche

Gegeben: Stützweite $\ell = 4{,}20 \text{ m}$

$$a = \frac{4{,}20}{3} = 1{,}40$$

Lasten $g = 1{.}300 \text{ N/m}$

$p = 1{.}600 \text{ N/m}$

$q = 2{.}900 \text{ N/m}$

Einzellasten $F_1 = F_2 = 2{.}500 \text{ N}$

Gesucht: Balkenquerschnitt

Auflagerkräfte

$A = B = Q = 0{,}5 \cdot q \cdot \ell + F$

$ = 0{,}5 \cdot 2{.}900 \cdot 4{,}20 + 2{.}500$

$ = 8{.}590 \text{ N}$

Biegemoment

$$\max M = 0{,}125 \cdot q \cdot \ell^2 + 0{,}333 \cdot F \cdot \ell$$
$$= 0{,}125 \cdot 2.900 \cdot 4{,}20^2 + 0{,}333 \cdot 2.500 \cdot 4{,}20$$
$$= 6.395 + 3.497$$
$$= 9.892 \text{ Nm} = 989.200 \text{ Ncm}$$

erforderliches Widerstandsmoment

$$\text{erf } W_y = \frac{M}{\sigma_B}, \quad \sigma_B = 1.000 \text{ N/cm}^2$$

$$= \frac{989.200}{1.000} = 989 \text{ cm}^3$$

erforderliches Trägheitsmoment infolge Durchbiegung für eine zulässige Durchbiegung von

$$\text{zul } f = \frac{\ell}{300} \text{ und } E = 10^6 \text{ N/cm}^2$$

$$\text{erf } I_y = 0{,}313 \cdot M_g \cdot \ell + 0{,}319 \cdot M_F \cdot \ell$$
$$= 0{,}313 \cdot 6.395 \cdot 4{,}20 + 0{,}319 \cdot 3.497 \cdot 4{,}20$$
$$= 8.407 + 4.685$$
$$= 13.092 \text{ cm}^4$$

Querschnitt **9/26 cm**

$$\text{mit } I_y = 13.182 \text{ cm}^4, W_y = 1.014 \text{ cm}^3, A = 234 \text{ cm}^2$$

Biegespannung

$$\sigma = \frac{M}{W_y} = \frac{989.200}{1.014} = 976 \text{ N/cm}^2 < 1.000 \text{ N/cm}^2$$

Schubspannung

$$\tau = 1{,}5 \frac{Q}{A} = 1{,}5 \cdot \frac{8.590}{234} = 55 \text{ N/cm}^2 < 90 \text{ N/cm}^2$$

rechnerische Durchbiegung

$$f = 0{,}01302 \cdot \frac{q \cdot \ell^4}{I_y} + 0{,}0355 \cdot \frac{F \cdot \ell^3}{I_y}, \text{ f in cm, q in N/m, } \ell \text{ in m}$$

$$= 0{,}01302 \cdot \frac{2.900 \cdot 4{,}20^4}{13.182} + 0{,}0355 \cdot \frac{2.500 \cdot 4{,}20^3}{13.182}$$
$$= 0{,}89 + 0{,}50$$
$$= 1{,}39 \text{ cm} < \frac{420}{300} = 1{,}40 \text{ cm}$$

30. Deckenbalken

mit gleichmäßig verteilter Last und 3 Einzellasten

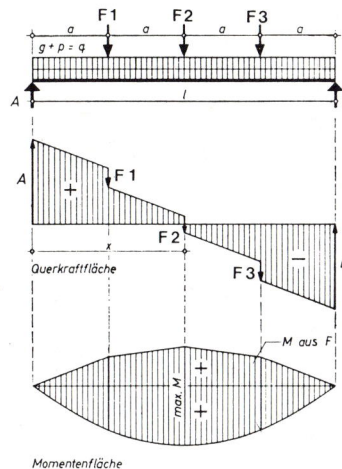

Gegeben: Stützweite $\ell = 4{,}20$ m

$$a = \frac{4{,}20}{4} = 1{,}05 \text{ m}$$

Lasten $g = 1.300$ N/m
$p = 1.600$ N/m

$q = 2.900$ N/m

Einzel-
Lasten $F_1 = F_2 = F_3$
$= F = 2.000$ N

Gesucht: Balkenquerschnitt

Auflagerkräfte
$A = B = Q = 0{,}5 \cdot q \cdot \ell + 1{,}5 \cdot F$
$= 0{,}5 \cdot 2.900 \cdot 4{,}20 + 1{,}5 \cdot 2.000$
$= 9.090$ N

Biegemoment

$\max M = 0{,}125 \cdot q \cdot \ell^2 + 0{,}5 \cdot F \cdot \ell$

$= 0{,}125 \cdot 2.900 \cdot 4{,}20^2 + 0{,}5 \cdot 2.000 \cdot 4{,}20$

$= 6.395 + 4.200$

$= 10.595$ Nm $= 1.059.500$ Ncm

erforderliches Widerstandsmoment

$$\text{erf } W_y = \frac{M}{\sigma_B} = \frac{1.059.500}{1.000} = 1.060 \text{ cm}^3$$

erforderliches Trägheitsmoment infolge Durchbiegung für eine zulässige Durchbiegung von

$\text{zul } f = \dfrac{\ell}{300}$ und $E = 10^6$ N/cm²

$\text{erf } I_y = 0{,}313 \cdot M_q \cdot \ell + 0{,}297 \cdot M_F \cdot \ell$

$= 0{,}313 \cdot 6.395 \cdot 4{,}20 + 0{,}297 \cdot 4.200 \cdot 4{,}20$

$= 8.407 + 5.239$

$= 13.646$ cm⁴

Querschnitt **10/26 cm**

mit $I_y = 14.647$ cm⁴, $W_y = 1.127$ cm³, $A = 260$ cm²

Biegespannung

$$\sigma = \frac{M}{W_y} = \frac{1.059.500}{1.127}\ 940\ N/cm^2 < 1.000\ N/cm^2$$

Schubspannung

$$\tau = 1{,}5\ \frac{Q}{A} = 1{,}5 \cdot \frac{9.090}{260} = 52\ N/cm^2 < 90\ N/cm^2$$

rechnerische Durchbiegung

$$f = 0{,}01302 \cdot \frac{q \cdot \ell^4}{I_y} + 0{,}0495 \cdot \frac{F \cdot \ell^3}{I_y},\ f\ in\ cm,\ q\ in\ N/m,\ \ell\ in\ m$$

$$= 0{,}01302 \cdot \frac{2.900 \cdot 4{,}20^4}{14.647} + 0{,}0495 \cdot \frac{2.000 \cdot 4{,}20^3}{14.647}$$

$$= 0{,}80 + 0{,}50$$

$$= 1{,}30\ cm < \frac{420}{300} = 1{,}40\ cm$$

31. Deckenbalken

mit gleichmäßig verteilter Last und 4 Einzellasten

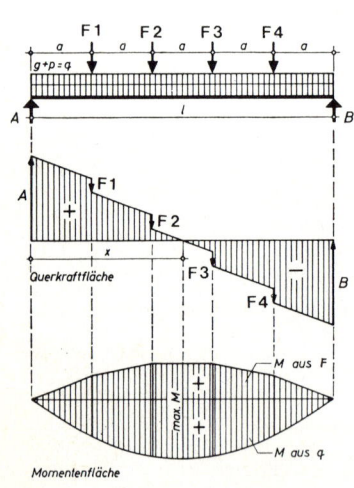

Gegeben: Stützweite $\ell = 4{,}20\ m$

$$a = \frac{4{,}20}{5} = 0{,}84\ m$$

Lasten $\quad g = 1.300\ N/m$

$P = 1.600\ N/m$

$q = 2.900\ N/m$

Einzellasten F_1 bis $F_4 = F = 1.500\ N$

Gesucht: Balkenquerschnitt

Auflagerkräfte

$$A = B = Q = 0{,}5 \cdot q \cdot \ell + 2 \cdot F$$
$$= 0{,}5 \cdot 2.900 \cdot 4{,}20 + 2 \cdot 1.500$$
$$= 9.090\ N$$

Biegemoment

$$\max M = 0{,}125 \cdot q \cdot \ell^2 + 0{,}6 \cdot F \cdot \ell$$
$$= 0{,}125 \cdot 2.900 \cdot 4{,}20^2 + 0{,}6 \cdot 1.500 \cdot 4{,}20$$
$$= 6.395 + 3.780 = 10.175 \text{ Nm} = 1.017.500 \text{ Ncm}$$

erforderliches Widerstandsmoment

$$\text{erf } W_y = \frac{M}{\sigma_B} = \frac{1.017.500}{1.000} = 1.018 \text{ cm}^3$$

erforderliches Trägheitsmoment infolge Durchbiegung für eine zulässige Durchbiegung von

$$\text{zul } f = \frac{\ell}{300} \text{ und } E = 10^6 \text{ N/cm}^2$$
$$\text{erf } I_y = 0{,}313 \cdot M_q \cdot \ell + 0{,}315 \cdot M_F \cdot \ell$$
$$= 0{,}313 \cdot 6.395 \cdot 4{,}20 + 0{,}318 \cdot 3.780 \cdot 4{,}20$$
$$= 8.407 + 5.049$$
$$= 13.456 \text{ cm}^4$$

Querschnitt 10/26 cm

mit $I_y = 14.647 \text{ cm}^4$, $W_y = 1.127 \text{ cm}^3$, $A = 260 \text{ cm}^2$

Biegespannung

$$\sigma = \frac{M}{W_y} = \frac{1.017.500}{1.127} = 903 \text{ N/cm}^2 < 1.000 \text{ N/cm}^2$$

Schubspannung

$$\tau = 1{,}5 \cdot \frac{Q}{A} = 1{,}5 \cdot \frac{9.090}{260} = 52 \text{ N/cm}^2 < 90 \text{ N/cm}^2$$

rechnerische Durchbiegung

$$f = 0{,}01302 \cdot \frac{q \cdot \ell^4}{I_y} + 0{,}063 \cdot \frac{F \cdot \ell^3}{I_y}, \text{ f in cm, q in N/m, } \ell \text{ in m}$$
$$f = 0{,}01302 \cdot \frac{2.900 \cdot 4{,}20^4}{14.647} + 0{,}063 \cdot \frac{1.500 \cdot 4{,}20^3}{14.647}$$
$$= 0{,}80 + 0{,}48$$
$$= 1{,}28 \text{ cm} < \frac{420}{300} = 1{,}40 \text{ cm}$$

32. Deckenbalken

mit Streckenlasten

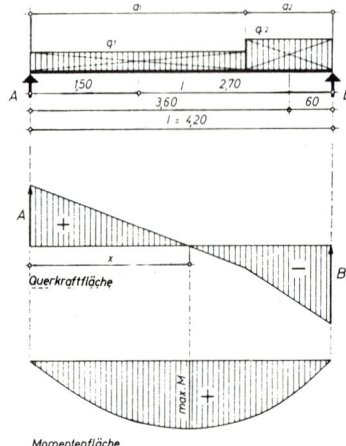

Querkraftfläche

Momentenfläche

Gegeben: Stützweite $\ell = 4{,}20$ m

$a_1 = 3{,}00$ m

$a_2 = 1{,}20$ m

Lasten $q_1 = 3.000$ N/m

$q_2 = 5.000$ N/m

Gesucht: Balkenquerschnitt

Auflagerkräfte:

$$A = \frac{\Sigma (Q \cdot b)}{\ell},$$

b = Abstand der Last von B

$Q_1 = q_1 \cdot a_1 = 3.000 \cdot 3{,}00 = 9.000$ N
$Q_2 = q_2 \cdot a_2 = 5.000 \cdot 1{,}20 = 6.000$ N

A: $9.000 \cdot 2{,}70 = 24.300$
$ + 6.000 \cdot 0{,}60 = +3.600$
$\phantom{A:\ + 6.000 \cdot 0{,}60 = +\ }\overline{}$
$\phantom{A:\ + 6.000 \cdot 0{,}60 =\ }27.900 : 4{,}20 = 6.643$ N

$$B = \frac{\Sigma Q \cdot a}{\ell}, \quad a = \text{Abstand der Last von A}$$

B: $9.000 \cdot 1{,}50 = 13.500$
$ + 6.000 \cdot 3{,}60 = + 21.600$
$\phantom{B:\ + 6.000 \cdot 3{,}60 = \ }\overline{}$
$\phantom{B:\ + 6.000 \cdot 3{,}60 =\ }35.100 : 4{,}20 = 8.357$ N

es muß sein

$\Sigma Q = A + B$

$9.000 + 6.000 = 6.643 + 8.357$

$15.000 = 15.000$

Der gefährdete Querschnitt liegt dort, wo die Querkraft von + in − wechselt.
Abstand des gefährdeten Querschnittes von A

$$x = \frac{A}{q_1} = \frac{6.643}{3.000} = 2{,}21 \text{ m} < a_1 = 3{,}00 \text{ m}$$

$$\max M = A \cdot x - 0{,}5 \cdot q_1 \cdot x^2$$

$$\max M = 6.643 \cdot 2{,}21 \qquad\qquad = +14.680 \text{ Nm}$$

$$ -0{,}5 \cdot 3.000 \cdot 2{,}21^2 = -7.326 \text{ Nm}$$

$$\phantom{\max M = -0{,}5 \cdot 3.000 \cdot 2{,}21^2 =} +7.354 \text{ Nm}$$

es kann auch gerechnet werden mit

$$\max M = \frac{A^2}{2 \cdot q_1} = \frac{6.643^2}{2 \cdot 3.000} = +7.354 \text{ Nm}$$

$$\phantom{\max M = \frac{A^2}{2 \cdot q_1} = \frac{6.643^2}{2 \cdot 3.000}} = 735.400 \text{ Ncm}$$

erforderliches Widerstandsmoment

$$\text{erf } W_y = \frac{M}{\sigma_B} = \frac{735.400}{1.000} = 735 \text{ cm}^3$$

erforderliches Trägheitsmoment infolge Durchbiegung für eine zulässige Durchbiegung von

$$\text{zul } f = \frac{\ell}{300} \text{ und } E = 10^6 \text{ N/cm}^2$$

$$\text{erf } I_y \approx 0{,}313 \cdot M \cdot \ell$$

$$\phantom{\text{erf } I_y} \approx 0{,}313 \cdot 7.354 \cdot 4{,}20$$

$$\phantom{\text{erf } I_y} = 9.668 \text{ cm}^4$$

Querschnitt **11/22 cm**

mit $I_y = 9.761 \text{ cm}^4$, $W_y = 887 \text{ cm}^3$, $A = 242 \text{ cm}^2$

Biegespannung

$$\sigma = \frac{M}{W_y} = \frac{735.400}{887} = 829 \text{ N/cm}^2 < 1.000 \text{ N/cm}^2$$

Schubspannung

$$\tau = 1{,}5 \frac{Q_B (Q_A)}{A} = 1{,}5 \cdot \frac{8.357}{242} = 52 \text{ N/cm}^2 < 90 \text{ N/cm}^2$$

rechnerische Durchbiegung

$$f \approx 0{,}104 \cdot \frac{M \cdot \ell^2}{I_y}, \text{ f in cm, M in Nm, } \ell \text{ in m}$$

$$f \approx 0{,}104 \cdot \frac{7.354 \cdot 4{,}20^2}{9.761}$$

$$ = 1{,}38 \text{ cm} < \frac{420}{300} = 1{,}40 \text{ cm}$$

33. Deckenbalken

mit Streckenlasten

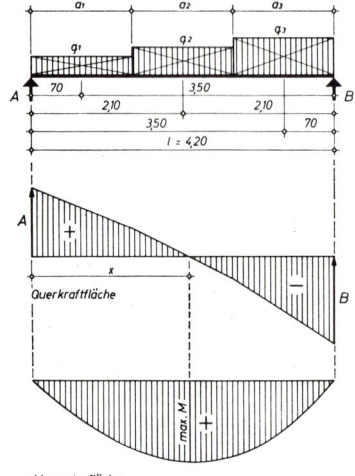

Gegeben: Stützweite $\ell = 4{,}20$ m

$$a_1 = a_2 = a_3 = \frac{4{,}20}{3} = 1{,}40 \text{ m}$$

Lasten $\quad q_1 = 3.000$ N/m

$\quad\quad\quad\quad q_2 = 4.000$ N/m

$\quad\quad\quad\quad q_2 = 5.000$ N/m

Gesucht: Balkenquerschnitt

Auflagerkräfte

$$A = \frac{\Sigma (Q \cdot b)}{\ell},$$

b = Abstand der Last von B

$Q_1 = q_1 \cdot a_1 = 3.000 \cdot 1{,}40 = 4.200$ N

$Q_2 = q_2 \cdot a_2 = 4.000 \cdot 1{,}40 = 5.600$ N

$Q_2 = q_3 \cdot a_3 = 5.000 \cdot 1{,}40 = 7.000$ N

A: $\quad 4.200 \cdot 3{,}50 = \quad\quad 14.700$

$\quad + 5.600 \cdot 2{,}10 = + 11.760$

$\quad + 7.000 \cdot 0{,}70 = + \quad 4.900$

$\quad\quad\quad\quad\quad\quad\quad\quad 31.360 : 4{,}20 = 7.467$ N

$$B = \frac{\Sigma (Q \cdot a)}{\ell}, \quad a = \text{Abstand der Last von A}$$

B: $\quad 4.200 \cdot 0{,}70 = + \quad 2.940$

$\quad + 5.600 \cdot 2{,}10 = + 11.760$

$\quad + 7.000 \cdot 3{,}50 = + 24.500$

$\quad\quad\quad\quad\quad\quad\quad\quad 39.200 : 4{,}20 = 9.333$ N

es muß sein

$\Sigma Q \quad\quad\quad\quad\quad = A + B$

$4.200 + 5.600 + 7.000 = 7.467 + 9.333$

$\quad\quad\quad\quad 16.800 = 16.800$

Der gefährdete Querschnitt liegt dort, wo die Querkraft von + in — wechselt.

Abstand des gefährdeten Querschnittes von A

$$x = \frac{A}{q_1} = \frac{7.467}{3.000} = 2{,}49 \text{ m}$$

dieses Maß reicht in die Last Q_2, daher muß gerechnet werden

$$x = a_1 + \frac{A - Q_1}{q_2}$$

$$= 1{,}40 + \frac{7.467 - 4.200}{4.000}$$

$$= 1{,}40 + 0{,}82$$

$$= 2{,}22 \text{ m von A}$$

$$_{max}M = A \cdot x - \Sigma Q \cdot x_1$$

$_{max}M =$	$+ 7.467 \cdot 2{,}22$	$= + 16.576$ Nm
	$- 4.200 \cdot 1{,}52$	$= - 6.384$ Nm
	$- 0{,}5 \cdot 4.000 \cdot 0{,}82^2$	$= - 1.345$ Nm
		$+ 8.847$ Nm

oder mit der Auflagerkraft B

$_{max}M =$	$+ 9.333 \cdot 1{,}98$	$= + 18.480$ Nm
	$- 7.000 \cdot 1{,}28$	$= - 8.960$ Nm
	$- 0{,}5 \cdot 4.000 \cdot 0{,}58^2$	$= - 673$ Nm
		$+ 8.847$ Nm
		$= 884.700$ Ncm

erforderliches Widerstandsmoment

$$_{erf}W_y = \frac{M}{\sigma_B} = \frac{884.700}{1.000} = 885 \text{ cm}^3$$

erforderliches Trägheitsmoment infolge Durchbiegung für eine zulässige Durchbiegung von

$$_{zul}f = \frac{\ell}{300} \text{ und } E = 10^6 \text{ N/cm}^2$$

$$_{erf}I_y \approx 0{,}313 \cdot M \cdot \ell$$

$$\approx 0{,}313 \cdot 8.847 \cdot 4{,}20$$

$$\approx 11.630 \text{ cm}^4$$

Querschnitt **10/24 cm**

mit $I_y = 11.520 \text{ cm}^4$, $W_y = 960 \text{ cm}^3$, $A = 240 \text{ cm}^2$

Biegespannung

$$\sigma = \frac{M}{W_y} = \frac{884.700}{960} = 922 \text{ N/cm}^2 < 1.000 \text{ N/cm}^2$$

Schubspannung

$$\tau = 1{,}5 \cdot \frac{Q_B (Q_A)}{A} = 1{,}5 \cdot \frac{9.333}{240} = 58 \text{ N/cm}^2 < 90 \text{ N/cm}^2$$

rechnerische Durchbiegung

$$f \approx 0{,}104 \cdot \frac{M \cdot \ell^2}{I_y}, \text{ f in cm, M in Nm, } \ell \text{ in m}$$

$$f \approx 0{,}104 \cdot \frac{8.847 \cdot 4{,}20^2}{11.520}$$

$$\approx 1{,}40 \text{ cm} = \text{zul f}$$

34. Deckenbalken

mit Streckenlasten

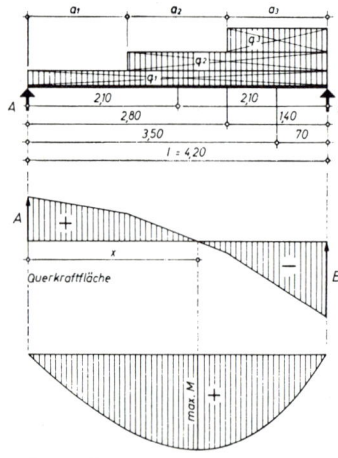

Gegeben: Stützweite $\ell = 4{,}20$ m

$a_1 = a_2 = a_3 = 1{,}40$ m

Lasten $\quad q_1 = 2.000$ N/m

$q_2 = 2.500$ N/m

$q_3 = 3.000$ N/m

Gesucht: Balkenquerschnitt

Auflagerkräfte

$$A = \frac{\Sigma (Q \cdot b)}{\ell}, \text{ b = Abstand der Lasten von B}$$

$Q_1 = q_1 \cdot \ell \quad\quad = 2.000 \cdot 4{,}20 = 8.400$ N

$Q_2 = q_2 \cdot (a_2 + a_3) = 2.500 \cdot 2{,}80 = 7.000$ N

$Q_2 = q_3 \cdot a_3 \quad\quad = 3.000 \cdot 1{,}40 = 4.200$ N

A:　　　+ 8.400 · 2,10 = + 17.640
　　　　+ 7.000 · 1,40 = + 9.800
　　　　+ 4.200 · 0,70 = + 2.940
　　　　　　　　　　　　─────────
　　　　　　　　　　　30.380 : 4,20 = 7.233 N

$B = \dfrac{\Sigma (Q \cdot a)}{\ell}$,　　a = Abstand der Last von A

B:　　　+ 8.400 · 2,10 = + 17.640
　　　　+ 7.000 · 2,80 = + 19.600
　　　　+ 4.200 · 3,50 = + 14.700
　　　　　　　　　　　　─────────
　　　　　　　　　　　51.940 : 4,20 = 12.367 N

es muß sein

ΣQ　　　　　　　　　　= A + B
8.400 + 7.000 + 4.200 = 7.233 + 12.367
　　　　　　　　19.600 = 19.600

Der gefährdete Querschnitt liegt dort, wo die Querkraft von + in — wechselt. Abstand des gefährdeten Querschnittes von A

$x = \dfrac{A}{q_1} = \dfrac{7.233}{3.000} = 2{,}41 \text{ m}$

dieses Maß reicht in die Last Q_2, daher muß gerechnet werden

$x = a_1 + \dfrac{A - (q_1 \cdot a_1)}{q_1 + q_2}$

$= 1{,}40 + \dfrac{7.233 - (2.000 \cdot 1{,}40)}{2.000 + 2.500}$

$= 1{,}40 + 0{,}98 = 2{,}38 \text{ m von A}$

max M = $A \cdot x - \Sigma Q \cdot x_1$

max M:　+ 7.233 · 2,38　　　　= + 17.215 Nm
　　　　— 0,5 · 2.000 · 2,38² = — 5.664 Nm
　　　　— 0,5 · 2.500 · 0,98² = — 1.200 Nm
　　　　　　　　　　　　　　　　──────────
　　　　　　　　　　　　　　　+ 10.351 Nm

oder auf dem Auflager B

max M:　+ 12.367 · 1,82　　　　　　　= + 22.508 Nm
　　　　— 3.000 · 1,40 · 1,12　　　 = — 4.704 Nm
　　　　— (2.000 + 2.500) · 1,82 · 0,91 = — 7.453 Nm
　　　　　　　　　　　　　　　　　　　　──────────
　　　　　　　　　　　　　　　　　　　+ 10.351 Nm

erforderliches Widerstandsmoment

$$\text{erf } W_y = \frac{M}{\sigma_B} = \frac{1.035.100}{1.000} = 1.035 \text{ cm}^3$$

erforderliches Trägheitsmoment infolge Durchbiegung für eine zulässige Durchbiegung von

$$\text{zul } f = \frac{\ell}{300} \text{ und } E = 10^6 \text{ N/cm}^2$$

$$\text{erf } I_y \approx 0{,}313 \cdot M \cdot \ell \approx 0{,}313 \cdot 10.351 \cdot 4{,}20 \approx 13.607 \text{ cm}^4$$

Querschnitt **10/26 cm**

mit $I_y = 14.647 \text{ cm}^4$, $W_y = 1.127 \text{ cm}^3$, $A = 260 \text{ cm}^2$

Biegespannung

$$\sigma = \frac{M}{W_y} = \frac{1.035.100}{1.127} = 918 \text{ N/cm}^2 < 1.000 \text{ N/cm}^2$$

Schubspannung

$$\tau = 1{,}5 \cdot \frac{Q_B (Q_A)}{A} = 1{,}5 \cdot \frac{12.367}{260} = 71 \text{ N/cm}^2 < 90 \text{ N/cm}^2$$

rechnerische Durchbiegung

$$f \approx 0{,}104 \cdot \frac{M \cdot \ell^2}{I_y}, \text{ f in cm, M in Nm, } \ell \text{ in m}$$

$$f \approx 0{,}104 \cdot \frac{10.351 \cdot 4{,}20^2}{14.647} = 1{,}30 \text{ cm} < \frac{420}{300} = 1{,}40 \text{ cm}$$

35. Deckenbalken

mit gleichmäßig verteilter Last und Einzellasten

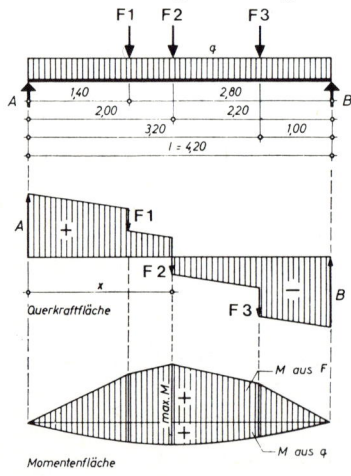

Gegeben: Stützweite $\ell = 4{,}20 \text{ m}$

$a_1 = 1{,}40 \text{ m}$

$a_2 = 2{,}00 \text{ m}$

$a_3 = 3{,}20 \text{ m}$

Lasten $q = 3.000 \text{ N/m}$

$F_1 = 6.000 \text{ N}$

$F_2 = 10.000 \text{ N}$

$F_3 = 8.000 \text{ N}$

Gesucht: Balkenquerschnitt

Auflagerkräfte

$$A = 0{,}5 \cdot q \cdot \ell + \frac{\Sigma (F \cdot b)}{\ell}$$

b = Abstand der Lasten von B

A: $0{,}5 \cdot 3.000 \cdot 4{,}20$ = 6.300 N
    + 6.000 · 2,80 = 16.800
    + 10.000 · 2,20 = 22.000
    + 8.000 · 1,00 = 8.000
                        46.800 : 4,20 = 11.143 N

A = 17.443 N

$$B = 0{,}5 \cdot q \cdot \ell + \frac{\Sigma (F \cdot a)}{\ell}$$

a = Abstand der Lasten von A

B: $0{,}5 \cdot 3.000 \cdot 4{,}20$ = 6.300 N
    + 6.000 · 1,40 = 8.400
    + 10.000 · 2,00 = 20.000
    + 8.000 · 3,20 = 25.600
                        54.000 : 4,20 = 12.857 N

B = 19.157 N

es muß sein
ΣQ = A + B
3.000 · 4,20 + 6.000 + 10.000 + 8.000 = 17.443 + 19.157
                            36.600 = 36.600

Biegemoment

Der gefährdete Querschnitt liegt dort, wo die Querkraft von + in — wechselt.

Abstand des gefährdeten Querschnittes von A

Q bis F_1 = 3.000 · 1,40   = 4.200 N
+ F_1 = 6.000 N
                                10.200 N < A

Q von F_1 bis F_2 = 3.000 · 0,60 = 1.800 N
                                12.000 N < A

+ F_2 = 10.000 N
                                22.000 N > A

demnach x = 2,00 m von A

$$_{max}M = A \cdot x - \Sigma Q \cdot x_1$$

$$= + \; 17.443 \cdot 2,00 \qquad = + \quad 34.886 \; Nm$$
$$- \; \; 3.000 \cdot 2,00 \cdot 1,00 = - \quad 6.000 \; Nm$$
$$- \; \; 6.000 \cdot 0,60 \qquad\quad = - \quad 3.600 \; Nm$$
$$\qquad\qquad\qquad\qquad\qquad + \quad 25.286 \; Nm$$
$$\qquad\qquad\qquad\qquad = + \; 2.528.600 \; Ncm$$

erforderliches Widerstandsmoment

$$_{erf}W_y = \frac{M}{\sigma_B} = \frac{2.528.600}{1.000} = 2.529 \; cm^3$$

erforderliches Trägheitsmoment infolge Durchbiegung für eine zulässige Durchbiegung von

$$_{zul}f = \frac{\ell}{300} \text{ und } E = 10^6 \; N/cm^2$$

$$_{erf}I_y \approx 0{,}313 \cdot M \cdot \ell$$

$$\approx 0{,}313 \cdot 25.286 \cdot 4{,}20$$

$$\approx 33.241 \; cm^4$$

Querschnitt **20/28 cm** mit

$$I_y = 36.587 \; cm^4, \; W_y = 2.613 \; cm^3, \; A = 560 \; cm^2$$

Biegespannung

$$\sigma = \frac{M}{W_y} = \frac{2.528.600}{2.613} = 968 \; N/cm^2 < 1.000 \; N/cm^2$$

Schubspannung

$$\tau = 1{,}5 \cdot \frac{Q_B \; (Q_A)}{A} = 1{,}5 \cdot \frac{19.157}{560} = 51 \; N/cm^2 < 90 \; N/cm^2$$

rechnerische Durchbiegung

$$f \approx 0{,}104 \cdot \frac{M \cdot \ell^2}{I_y}, \; M \text{ in Nm, } \ell \text{ in m}$$

$$\approx 0{,}104 \cdot \frac{25.286 \cdot 4{,}20^2}{36.587}$$

$$= 1{,}27 \; cm < {_{zul}f} = \frac{420}{300} = 1{,}40 \; cm$$

36. Deckenbalken mit großem Kragarm

mit gleichmäßig verteilter Last

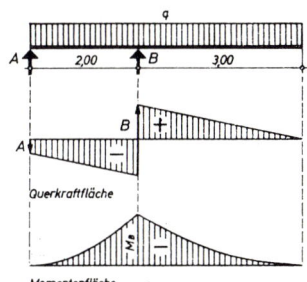

Gegeben: Stützweite $\ell = 2{,}00$ m
Kragarm $c = 3{,}00$ m
Last $q = 4.000$ N/m

Gesucht: Balkenquerschnitt

Auflagerkräfte

$$A = \frac{Q \cdot b}{\ell}, \quad b = \text{Abstand der Last von B}$$

$Q = 4.000 \cdot 5{,}00 = 20.000$ N

$$A = \frac{20.000 \cdot (-0{,}50)}{2{,}00} = -5.000 \text{ N}$$

$$B = \frac{Q \cdot a}{\ell}, \quad a = \text{Abstand der Last von A}$$

$$B = \frac{20.000 \cdot 2{,}50}{2{,}00} = +25.000 \text{ N}$$

$\Sigma Q = A + B$
$20.000 = 25.000 - 5.000$

größte Querkraft
links von B

$Q_{B\,links} = A - q \cdot \ell = -5.000 - 4.000 \cdot 2{,}00 = -13.000$ N

rechts von B

$Q_{B\,rechts} = q \cdot c = 4.000 \cdot 3{,}00 = 12.000$ N

Biegemomente

$M_B = -0{,}5 \cdot q \cdot c^2$
$ = -0{,}5 \cdot 4.000 \cdot 3{,}00^2$
$ = -18.000$ Nm
$ = -1.800.000$ Ncm

oder

$$M_B = A \cdot \ell - 0{,}5 \cdot q \cdot \ell^2$$
$$= -5.000 \cdot 2{,}00 - 0{,}5 \cdot 4.000 \cdot 2{,}00^2$$
$$= -10.000 - 8.000$$
$$= -18.000 \text{ Nm}$$

erforderliches Widerstandsmoment

$$\text{erf } W_y = \frac{M}{\sigma_B} = \frac{1.800.000}{1.000} = 1.800 \text{ cm}^3$$

erforderliches Trägheitsmoment infolge Durchbiegung für

zul f   am Kragarm = c/150

$$\text{erf } I_y = 0{,}125 \cdot M_B \cdot \frac{c^2(4\ell + 3c) - \ell^3}{c^2}$$

$$= 0{,}125 \cdot 18.000 \cdot \frac{3{,}00^2(4 \cdot 2{,}00 + 3 \cdot 3{,}00) - 2{,}00^3}{3{,}00^2}$$

$$= 36.250 \text{ cm}^4$$

Querschnitt **20/28 cm**

mit $I_y = 36{,}587$ cm^4, $W_y = 2.613$ cm^3, $A = 560$ cm^2

Biegespannung

$$\sigma_B = \frac{M}{W_y} = \frac{1.800.000}{2.613} = 689 \text{ N/cm}^2 < 1.000 \text{ N/cm}^2$$

Schubspannung

$$\tau = 1{,}5 \cdot \frac{Q}{A} = 1{,}5 \frac{13.000}{560} = 35 \text{ N/cm}^2 < 120$$

rechnerische Durchbiegung

a) am Kragarm

$$f_1 = 0{,}04167 \frac{q \cdot c^3(4\ell + 3c) - q \cdot \ell^3 \cdot c}{I}$$

$$= 0{,}04167 \frac{4.000 \cdot 3{,}00^3(4 \cdot 2{,}00 + 3 \cdot 3{,}00) - 4.000 \cdot 2{,}00^3 \cdot 3{,}00}{36.587}$$

$$= 1{,}99 \text{ cm} < \frac{300}{150} = 2{,}00 \text{ cm}$$

b) im Feld

$$f_2 = 0{,}0026 \cdot \frac{q \cdot \ell^2 (5\,\ell^2 - 12\,c^2)}{I}$$

$$= 0{,}0026 \, \frac{4.000 \cdot 2{,}00^2 (5 \cdot 2{,}00^2 - 12 \cdot 3{,}00^2)}{36.587}$$

$$= -0{,}10 \text{ cm} < \frac{200}{300} = 0{,}67 \text{ cm}$$

37. Deckenbalken mit großem Kragarm

mit Streckenlasten

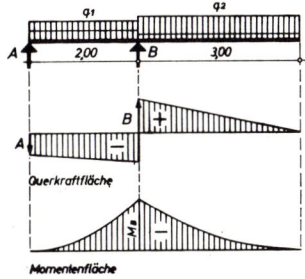

Gegeben: Stützweite ℓ = 2,00 m
Kragarm c = 3,00 m

Lasten g_1 = 1.500 N/m
p_1 = 1.500 N/m

p_1 = 3.000 N/m

g_2 = 500 N/m
p_2 = 3.500 N/m

q_2 = 4.000 N/m

Gesucht: Balkenquerschnitt

Da das Kragmoment maßgebend für die Bemessung ist, wird nur der Lastfall Feld g_1 + Kragarm q_2 untersucht.

Auflagerkräfte

$$A = \frac{\Sigma (Q \cdot b)}{\ell}, \quad b = \text{Abstand der Lasten von B}$$

$Q_1 = g_1 \cdot \ell = 1.500 \cdot 2{,}00 = \quad 3.000$ N

$Q_2 = q_2 \cdot c = 4.000 \cdot 3{,}00 = \quad 12.000$ N

A: $\quad +\ 3.000 \cdot 1{,}00 \quad = +\quad 3.000$

$\quad +\ 12.000 \cdot (-1{,}50) = -\ 18.000$

$\qquad\qquad\qquad -15.000 : 2{,}00 = -\ 7.500$ N

$$B = \frac{\Sigma (Q \cdot a)}{\ell}, \quad a = \text{Abstand der Lasten von A}$$

B: $\quad +\ 3.000 \cdot 1{,}00 = +\ 3.000$

$\quad +\ 12.000 \cdot 3{,}50 = +\ 42.000$

$\qquad\qquad\qquad 45.000 : 2{,}00 = 22.500$ N

es muß sein

$Q_1 + Q_2 = A + B$

$3.000 + 12.000 = -7.500 + 22.500$

$15.000 = 15.000$

Biegemoment

$$M_B = -0{,}5 \cdot q_2 \cdot c^2$$
$$= -0{,}5 \cdot 4.000 \cdot 3{,}00^2$$
$$= -18.000 \text{ Nm} = -1.800.000 \text{ Ncm}$$

oder

$$M_B = A \cdot \ell - 0{,}5 \cdot q_1 \cdot \ell^2$$
$$= -7.500 \cdot 2{,}00 - 0{,}5 \cdot 1.500 \cdot 2{,}00^2$$
$$= -15.000 - 3.000$$
$$= -18.000 \text{ Nm}$$

erforderliches Widerstandsmoment

$$\text{erf } W_y = \frac{M}{\sigma_B} = \frac{1.800.000}{1.000} = 1.800 \text{ cm}^3$$

Querschnitt **26/26 cm**

mit $I_y = 38.081 \text{ cm}^4$, $W_y = 2.929 \text{ cm}^3$

Biegespannung

$$\sigma_B = \frac{M}{W_y} = \frac{1.800.000}{2.929} = 615 \text{ N/cm}^2 < 1.000 \text{ N/cm}^2$$

rechnerische Durchbiegung am Kragarm

aus q_2

$$f_1 = 0{,}04167 \cdot \frac{q_2 \cdot c^3 (4\ell + 3c)}{I_y}$$
$$= 0{,}04167 \frac{4.000 \cdot 3{,}00^3 (4 \cdot 2{,}00 + 3 \cdot 3{,}00)}{38.081} = +2{,}01 \text{ cm}$$

aus g_1

$$f_1 = -0{,}04167 \frac{g_1 \cdot \ell^3 \cdot c}{I_y}$$
$$= 0{,}04167 \frac{1.500 \cdot 2{,}00^3 \cdot 3{,}00}{38.081} \qquad = -0{,}04 \text{ cm}$$

$$+ 1{,}97 \text{ cm}$$

$$\text{zul } f = \frac{300}{150} = 2{,}00 \text{ cm}$$

38. Deckenbalken mit Kragarm

mit Streckenlasten

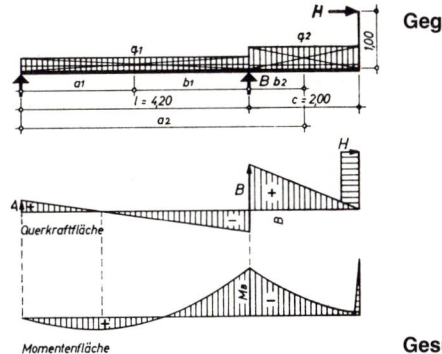

Gegeben: Stützweite $\ell = 4{,}20$ m
Kragarm: c = 2,00 m
h = 1,00 m

Lasten:
g_1 = 1.500 N/m
p_1 = 2.000 N/m
―――――――――
q_1 = 3.500 N/m

g_2 = 1.000 N/m
p_2 = 5.000 N/m
―――――――――
q_2 = 6.000 N/m
H = 500 N

Gesucht: Balkenquerschnitt

Lastfall 1, Feld voll belastet, Kragarm nur Eigengewicht

Auflagerkraft A

$$A = \frac{\Sigma (Q \cdot b)}{\ell}, \quad b = \text{Abstand der Last von B}$$

A: $\quad 3.500 \cdot 4{,}20 \cdot 2{,}10 = \quad 30.900$

$\quad\quad -1.000 \cdot 2{,}00 \cdot 1{,}00 = - \ 2.000$
―――――――――――――――――
$\quad\quad\quad\quad\quad\quad\quad\quad 28.900 : 4{,}20 = 6.881$ N

Biegemoment

$$\max M_F = + \frac{A^2}{2 \cdot q_1}$$

$$= + \frac{6.881^2}{2 \cdot 3.500} = +\ 6.764 \text{ Nm}$$

Lastfall 2, Kragarm voll belastet, Feld nur Eigengewicht

Kragmoment

$M_B = - \Sigma (Q \cdot b)$

$\quad = - 6.000 \cdot 2{,}00 \cdot 1{,}00 = - 12.000$ Nm

$\quad - 500 \cdot 1{,}00 \quad\quad = - \quad 500$ Nm
―――――――――――――――――
$\quad\quad\quad\quad\quad\quad\quad\quad\quad - 12.500$ Nm

erforderliches Widerstandsmoment

$$\text{erf } W_y = \frac{M}{\sigma_B} = \frac{1.250.000}{1.000} = 1.250 \text{ cm}^3$$

erforderliches Trägheitsmoment infolge Durchbiegung bei einer zulässigen Durchbiegung des Kragarmes von

$$\text{zul } f = \frac{c}{150} \text{ und } E = 10^6 \text{ N/cm}^2$$

$$\text{erf } I = 0{,}125 \cdot M_B \, (4 \cdot \ell + 3 \cdot c) - 0{,}0625 \cdot g_1 \cdot \ell^3$$
$$= 0{,}125 \cdot 12.500 \cdot (4 \cdot 4{,}20 + 3 \cdot 2{,}00) - 0{,}0625 \cdot 1.500 \cdot 4{,}20^3$$
$$= 28.679 \text{ cm}^4$$

Querschnitt **16/28 cm**

mit $I_y = 29.269 \text{ cm}^4$, $W_y = 2.091 \text{ cm}^3$

Biegespannung

$$\sigma = \frac{M}{W_y} = \frac{1.250.000}{2.091} = 598 \text{ N/cm}^2 < 1.000 \text{ N/cm}^2$$

Die Bemessung des Balkens ist in diesem Fall allein von der Durchbiegung am Kragarm abhängig, die Biegespannungen sind gering.

39. Deckenbalken als Durchlaufträger

mit gleichmäßig verteilter Last

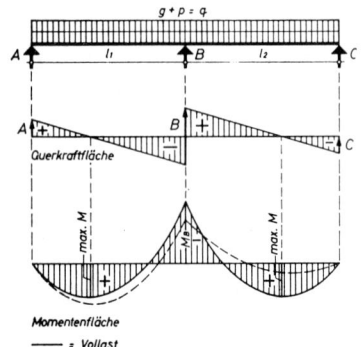

Gegeben: Stützweite: $\ell_1 = \ell_2 = 4{,}20$ m

Lasten $g = 1.300$ N/m

$p = 1.600$ N/m

$q = 2.900$ N/m

Gesucht: Balkenquerschnitt

Momentenfläche
— = Vollast
---- = Nutzlast nur in Feld 1

Auflagerkräfte

bei Vollast

A	=	$0{,}375 \cdot q \cdot \ell =$	$0{,}375 \cdot 2.900 \cdot 4{,}20 =$	4.568 N
B_{links}	=	$0{,}625 \cdot q \cdot \ell =$	$0{,}625 \cdot 2.900 \cdot 4{,}20 =$	7.613 N
B_{rechts}	=	$0{,}625 \cdot q \cdot \ell =$	$0{,}625 \cdot 2.900 \cdot 4{,}20 =$	7.613 N
C	=	$0{,}375 \cdot q \cdot \ell =$	$0{,}375 \cdot 2.900 \cdot 4{,}20 =$	4.568 N

bei Nutzlast nur im Feld 1

$$A = 0{,}3750 \cdot g \cdot \ell = \quad 0{,}3750 \cdot 1.300 \cdot 4{,}20 = \quad 2.048 \text{ N}$$
$$+ 0{,}4375 \cdot p \cdot \ell = + 0{,}4375 \cdot 1.600 \cdot 4{,}20 = + 2.940 \text{ N}$$
$$\overline{4.988 \text{ N}}$$

$$B_{links} = 0{,}6250 \cdot g \cdot \ell = \quad 0{,}6250 \cdot 1.300 \cdot 4{,}20 = \quad 3.413 \text{ N}$$
$$+ 0{,}5625 \cdot p \cdot \ell = + 0{,}5625 \cdot 1.600 \cdot 4{,}20 = + 3.780 \text{ N}$$
$$\overline{7.193 \text{ N}}$$

$$B_{rechts} = 0{,}6250 \cdot g \cdot \ell = \quad 0{,}6250 \cdot 1.300 \cdot 4{,}20 = \quad 3.413 \text{ N}$$
$$+ 0{,}0625 \cdot p \cdot \ell = - 0{,}0625 \cdot 1.600 \cdot 4{,}20 = + \quad 420 \text{ N}$$
$$\overline{3.833 \text{ N}}$$

$$C = 0{,}3750 \cdot g \cdot \ell = \quad 0{,}3750 \cdot 1.300 \cdot 4{,}20 = \quad 2.048 \text{ N}$$
$$- 0{,}0625 \cdot p \cdot \ell = \quad 0{,}0625 \cdot 1.600 \cdot 4{,}20 = - \quad 420 \text{ N}$$
$$\overline{1.628 \text{ N}}$$

Biegemomente

größtes Moment über Stütze B

$$M_B = - 0{,}125 \cdot q \cdot \ell^2 = - 0{,}125 \cdot 2.900 \cdot 4{,}20^2 = \quad - 6.395 \text{ Nm}$$
$$= - 639.500 \text{ Ncm}$$

größtes Feldmoment bei Nutzlast nur im Feld 1

$$M_1 = + \frac{A^2}{2 \cdot q} = + \frac{4.988^2}{2 \cdot 2.900} \quad = + \quad 4.290 \text{ Nm}$$
$$= + 429.000 \text{ Ncm}$$

erforderliches Widerstandsmoment

über Stütze B

$$\text{erf } W_y = \frac{M}{\sigma_B}, \quad \text{zul } \sigma_B = 1.100 \text{ N/cm}^2$$

$$= \frac{639.500}{1.100} = 581 \text{ cm}^3$$

im Feld 1

$$\text{erf } W_y = \frac{M}{\sigma_B}, \quad \text{zul } \sigma_B = 1.000 \text{ N/cm}^2$$

$$= \frac{429.000}{1.000} = 429 \text{ cm}^3$$

erforderliches Trägheitsmoment infolge Durchbiegung für eine zulässige Durchbiegung von

$$\text{zul } f = \frac{\ell}{300} \text{ ist}$$

$$\text{erf } I_y \approx 0{,}285 \cdot M_1 \cdot \ell$$

$$= 0{,}285 \cdot 4{.}290 \cdot 4{,}20 = 5{.}135 \text{ cm}^4$$

Querschnitt **9/20 cm**

$$\text{mit } I_y = 6{.}000 \text{ cm}^4, \quad W_y = 600 \text{ cm}^3$$

Biegespannungen

über Stütze B

$$\sigma = \frac{M_B}{W_y} = \frac{639{.}500}{600} = 1{.}066 \text{ N/cm}^2 < 1{.}100 \text{ N/cm}^2$$

im Feld

$$\sigma = \frac{M_1}{W_y} = \frac{429{.}000}{600} = 715 \text{ N/cm}^2 < 1{.}000 \text{ N/cm}^2$$

Schubspannungen

am Auflager A

$$\tau = \frac{1{,}5 \cdot Q_A}{A} = \frac{1{,}5 \cdot 4{.}988}{9 \cdot 20} = 42 \text{ N/cm}^2 < 90 \text{ N/cm}^2$$

am Auflager B

$$\tau = \frac{1{,}5 \cdot \max Q_B}{A} = \frac{1{,}5 \cdot 7{.}613}{9 \cdot 20} = 63 \text{ N/cm}^2 < 120 \text{ N/cm}^2$$

rechnerische Durchbiegung

$$f \approx \frac{\ell^4 \cdot (0{,}0054 \cdot g + 0{,}0092 \cdot p)}{I}$$

$$= \frac{4{,}20^4 \, (0{,}0054 \cdot 1{.}300 + 0{,}0092 \cdot 1600)}{6{.}000}$$

$$= 1{,}13 \text{ cm} < \frac{420}{300} = 1{,}40 \text{ cm}$$

40. Deckenbalken als Durchlaufträger

mit gleichmäßig verteilter Last

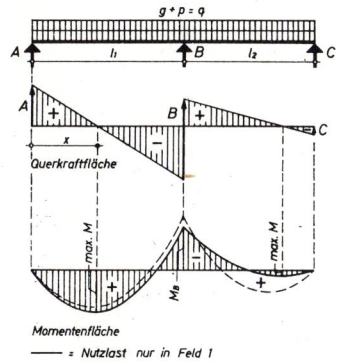

Gegeben: Stützweite $l_1 = 4,20$ m

$l_2 = 3,60$ m

Lasten $g = 1.300$ N/m

$p = 1.600$ N/m

$q = 2.900$ N/m

Gesucht: Balkenquerschnitt

Momentenfläche
—— = Nutzlast nur in Feld 1
- - - - = Vollast

Stützenmoment M_B bei Vollast

$$M_B = -\frac{q\,(l_1^3 + l_2^3)}{8 \cdot (l_1 + l_2)}$$

$$= -\frac{2.900 \cdot (4,20^3 + 3,60^3)}{8 \cdot (4,20 + 3,60)}$$

$$= -5.612 \text{ Nm} = -561.200 \text{ Ncm}$$

Stützenmoment M_B bei Nutzlast nur in Feld 1

$$M_B = -\frac{q \cdot l_1^3 + g \cdot l_2^3}{8 \cdot (l_1 + l_2)}$$

$$= -\frac{2.900 \cdot 4,20^3 + 1.300 \cdot 3,60^3}{8 \cdot (4,20 + 3,60)}$$

$$= -4.415 \text{ Nm} = -441.500 \text{ Ncm}$$

Auflagerkräfte bei Vollast

$$A = \frac{q \cdot l_1}{2} + \frac{M_B}{l_1}$$

$$= \frac{2.900 \cdot 4,20}{2} - \frac{5.612}{4,20}$$

$$= 6.090 - 1.336$$

$$= 4.753 \text{ N}$$

$$B_{links} = \frac{q \cdot \ell_1}{2} - \frac{M_B}{\ell_1}$$

$$= \frac{2.900 \cdot 4{,}20}{2} + \frac{5.612}{4{,}20}$$

$$= 6.090 + 1.336$$

$$= 7.426 \, N$$

Auflagerkräfte bei Nutzlast nur in Feld 1

$$A = \frac{q \cdot \ell_1}{2} + \frac{M_B}{\ell_1}$$

$$= \frac{2.900 \cdot 4{,}20}{2} - \frac{4.415}{4{,}20}$$

$$= 6.090 - 1.051 = 5.039 \, N$$

$B_{links} = 6.090 + 1.051 = 7.141 \, N$

$$C = \frac{g \cdot \ell_2}{2} + \frac{M_B}{\ell_2}$$

$$= \frac{1.300 \cdot 3{,}60}{2} - \frac{4.415}{3{,}60}$$

$= 2.340 - 1.226 \qquad\qquad = 1.114 \, N$

$B_{rechts} = 2.340 + 1.226 \qquad = 3.566 \, N$

Probe: $\Sigma V = 0$

$2.900 \cdot 4{,}20 \qquad = 12.180 \, N$

$1.300 \cdot 3{,}60 \qquad = 4.680 \, N$

$\qquad\qquad\qquad\qquad = 16.860 \, N$

$5.039 + 7.141 + 1.114 + 3.566 = 16.860 \, N$

größtes Feldmoment bei Nutzlast in Feld 1

$$M_1 = + \frac{A^2}{2 \cdot q} = + \frac{5.039^2}{2 \cdot 2.900} = + \, 4.378 \, Nm$$

$$\qquad\qquad\qquad\qquad\qquad = + \, 437.800 \, Ncm$$

erforderliches Widerstandsmoment

über Stütze B

$$\text{erf} \, W_y = \frac{M}{\sigma_B}, \quad \text{zul} \, \sigma_B = 1.100 \, N/cm^2$$

$$= \frac{561.200}{1.100} = 511 \, cm^3$$

im Feld 1

$$\text{erf } W_y = \frac{M}{\sigma_B}, \quad \text{zul } \sigma_B = 1.000 \text{ N/cm}^2$$

$$= \frac{437.800}{1.000} = 438 \text{ cm}^3$$

erforderliches Trägheitsmoment infolge Durchbiegung für eine zulässige Durchbiegung von

$$\text{zul } f = \frac{\ell}{300} \text{ ist}$$

$$\text{erf } I_y \approx 0{,}285 \cdot M_1 \cdot \ell_1$$

$$= 0{,}285 \cdot 4.378 \cdot 4{,}20 = 5.240 \text{ cm}^4$$

Querschnitt **8/20 cm**

$$\text{mit } I_y = 5.333 \text{ cm}^4, \quad W_y = 533 \text{ cm}^3$$

Biegespannungen
über Stütze B

$$\sigma_B = \frac{M_B}{W_y} = \frac{561.200}{533} = 1.053 \text{ N/cm}^2 < 1.100 \text{ N/cm}^2$$

im Feld 1

$$\sigma_B = \frac{M_1}{W_y} = \frac{437.800}{533} = 821 \text{ N/cm}^2 < 1.000 \text{ N/cm}^2$$

Schubspannungen
am Auflager A

$$\tau = \frac{1{,}5 \cdot Q_A}{A} = \frac{1{,}5 \cdot 5.039}{8 \cdot 20} = 47 \text{ N/cm}^2 < 90 \text{ N/cm}^2$$

am Auflager B

$$\tau = \frac{1{,}5 \cdot Q_B}{A} = \frac{1{,}5 \cdot 7.426}{8 \cdot 20} = 70 \text{ N/cm}^2 < 120 \text{ N/cm}^2$$

rechnerische Durchbiegung

$$f \approx \frac{\ell_1^4 \, (0{,}0052 \cdot g + 0{,}091 \cdot p)}{I_y}$$

$$= \frac{4{,}20^4 \, (0{,}0052 \cdot 1.300 + 0{,}0091 \cdot 1.600)}{5.333}$$

$$= 1{,}24 \text{ cm} < \frac{420}{300} = 1{,}40 \text{ cm}$$

41. Mehrteiliger Deckenbalken

starre Verbindung, Vollholz (verleimt)*

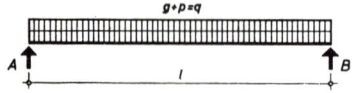

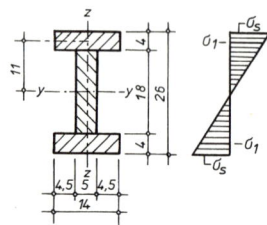

Gegeben: Stützweite ℓ = 4,50 m

Lasten g = 2.000 N/m
         p = 2.000 N/m

q = 4.000 N/m

Auflagerkräfte

$A = B = Q = 0{,}5 \cdot q \cdot \ell$

$= 0{,}5 \cdot 4.000 \cdot 4{,}50$

$= 9.000$ N

Biegemoment

$\max M = 0{,}125 \cdot q \cdot \ell^2$

$= 0{,}125 \cdot 4.000 \cdot 4{,}50^2$

$= 10.125 = 1.012.500$ Ncm

$A = 5 \cdot 18 + 2 \cdot 14 \cdot 4 = 202$ cm^2

$I_y = I_S + \Sigma (I_1 + A_1 \cdot a_1^2)$

$I_y:$ $\dfrac{5 \cdot 18^3}{12}$ = 2.430 cm^3

$+ 2 \cdot \left(\dfrac{14 \cdot 4^3}{12} + 14 \cdot 4 \cdot 11^2 \right)$ = 13.701 cm^3

$I_y = 16{,}131$ cm^3

---

* Ausführung nur dann möglich, wenn der Betrieb eine Bescheinigung über seine Eignung zum Leimen von tragenden Holzbauteilen vorlegt.

Biegerandspannung

$$\sigma_s = \frac{M \cdot H}{I_y \cdot 2}$$

$$= \frac{1.012.500 \cdot 26}{16.130 \cdot 2}$$

$$= 816 \text{ N/cm}^2 < 1.000 \text{ N/cm}^2$$

Schwerpunktspannung in den Gurten

$$\sigma_1 = \frac{M}{I_y} \cdot a_1$$

$$= \frac{1.012.500}{16.130} \cdot 11$$

$$= 690 \text{ N/cm}^2 < 850 \text{ N/cm}^2$$

Schubspannung in Schwerachse y – y:

$$\tau = \frac{Q \cdot S_y}{I_y \cdot b_1}$$

$S_y = 4 \cdot 14 \cdot 11 + 5 \cdot 9 \cdot 4{,}5 = 818 \text{ cm}^3$

$$\tau = \frac{9.000 \cdot 818}{16.131 \cdot 5} = 91 \text{ N/cm}^2 \approx \text{zul } \tau$$

rechnerische Durchbiegung

$$f_B = 0{,}104 \cdot \frac{M \cdot \ell^2}{I_y}, \quad M \text{ in Nm}, \quad \ell \text{ in m}$$

$$f_\tau = \frac{M}{G \cdot A_{st}}, \quad M \text{ in Ncm}$$

G (Schubmodul) = 50.000 N/cm²

A_{st} (A-Steg)   = 5 · 18 = 90 cm²

$$f_B = 0{,}104 \cdot \frac{10.125 \cdot 4{,}50^2}{16.131} = 1{,}32 \text{ cm}$$

$$f_\tau = \frac{1.012.500}{50.000 \cdot 90} = 0{,}22 \text{ cm}$$

$$\Sigma f = 1{,}54 \text{ cm}$$

$$\approx \text{zul } f = \frac{450}{300} = 1{,}50 \text{ cm}$$

42. Mehrteiliger Deckenbalken

starre Verbindung, Steg aus Bau-Furniersperrholz (verleimt)*

(Faserrichtung der Deckfurniere parallel zur Trägerachse)

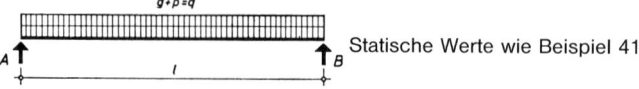

Statische Werte wie Beispiel 41

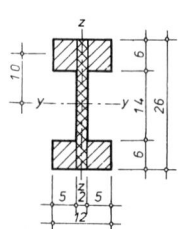

Werden in einem Träger Materialien mit verschieden großen E-Moduln verwendet, dann müssen sie im Verhältnis zu den verschiedenen E-Moduln angesetzt werden. In diesem Beispiel ist

Vollholz $E_1 = 1.000.000 \text{ N/cm}^2$

Sperrholz $E_S = 450.000 \text{ N/cm}^2$

$$n_S = \frac{E_S}{E_1} = \frac{450.000}{1.000.000} = 0,45$$

$I_y = n_S \cdot I_S + \Sigma (I_1 + A_1 \cdot a_1^2)$

$I_y:\quad 0,45 \cdot \dfrac{2 \cdot 26^3}{12} = 1.318 \text{ cm}^3$

$\quad + 4 \cdot \left(\dfrac{5 \cdot 6^3}{12} + 5 \cdot 6 \cdot 10^2\right) = 12.360 \text{ cm}^3$

$\quad\quad\quad\quad I_y = 13.678 \text{ cm}^3$

Biegerandspannung in den Gurten

$$\sigma_1 = \frac{M \cdot H}{I_y \cdot 2}$$

$$= \frac{1.012.500 \cdot 26}{13.678 \cdot 2}$$

$$= 962 \text{ N/cm}^2 < 1.000 \text{ N/cm}^2$$

Biegerandspannung im Steg

$\sigma_s = \sigma_1 \cdot n = 962 \cdot 0,45 = 433 \text{ N/cm}^3 < 900 \text{ N/cm}^2$

Schwerpunktspannung in den Gurten

$\sigma_{a1} = \dfrac{M}{I_y} \cdot a_1 \qquad a_1 =$ Schwerpunktabstand der Gurte von der Achse y — y

$= \dfrac{1.012.500}{13.678} \cdot 10 = 740 \text{ N/cm}^2 < 850 \text{ N/cm}^2$

* siehe Beispiel 41

Schubspannung in Schwerachse y — y

$$\tau = \frac{Q \cdot S_y}{I_y \cdot b_s}$$

$S_y = 2 \cdot 5 \cdot 6 \cdot 10 + 0{,}9 \cdot 13 \cdot 6{,}5 = 676 \text{ cm}^3$

$$\tau = \frac{9.000 \cdot 676}{13.678 \cdot 2}$$

$= 222 \text{ N/cm}^2 < 180 \text{ N/cm}^2$

Da zul τ überschritten wird, muß der Steg am Auflager verstärkt werden.
Die aufzunehmende Querkraft beträgt bei dem Querschnitt mit einfachem Steg

$$\text{zul } Q = \frac{\tau \cdot I_y \cdot b_s}{S_y}$$

$$= \frac{180 \cdot 13.678 \cdot 2}{676}$$

$= 7.284 \text{ N}$

Länge der Verstärkung

$$\ell_v = \frac{\ell}{2} - \frac{\text{zul } Q}{q}$$

$$= \frac{4{,}50}{2} - \frac{7.284}{4.000}$$

$\cong 0{,}45 \text{ m}$

Der Steg wird beiderseitig auf eine Länge von 45 cm + Überstand am Auflager mit dem gleichen Sperrholz verstärkt.

Schubspannung in der Leimfuge

$$\tau = \frac{Q \cdot S_1}{I_y \cdot b_1}$$

$S_1 = 2 \cdot 5 \cdot 6 \cdot 10 = 600 \text{ cm}^3$

$$\tau = \frac{9.000 \cdot 600}{13.678 \cdot 2 \cdot 6}$$

$= 33 \text{ N/cm}^2 < 90 \text{ N/cm}^2$

rechnerische Durchbiegung

$$f_B = 0{,}104 \cdot \frac{M \cdot \ell^2}{I_y}, \quad M \text{ in Nm}, \quad \ell \text{ in m}$$

$$f_\tau = \frac{M}{G \cdot A_{st}}, \quad M \text{ in Ncm},$$

G (Schubmodell-Sperrholz) = 50.000 N/cm

A_{st} (A-Steg) = 2,0 · (14 + 6) = 40 cm²

$$f_B = 0{,}104 \, \frac{10.125 \cdot 4{,}50^2}{13.678} = 1{.}56 \text{ cm}$$

$$f_\tau = \frac{1.012.500}{50.000 \cdot 40} = 0{,}50 \text{ cm}$$

$$\Sigma f = 2{,}06 \text{ cm}$$

$$\text{zul } f_1 = \frac{450}{300} = 1{,}50 \text{ cm} < 2{,}06 \text{ cm}$$

$$\text{zul } f_2 = \frac{450}{200} = 2{,}25 \text{ cm} > 2{,}06 \text{ cm}$$

dieser Träger genügt nur als Dachtragwerk, als Deckenbalken wäre die rechnerische Durchbiegung zu groß.

43. Mehrteiliger Deckenbalken

starre Verbindung, Steg aus Bau-Furniersperrholz (verleimt)*

(Faserrichtung der Deckfurniere parallel zur Trägerachse)

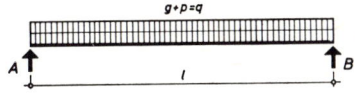

Statische Werte wie Beispiel 41

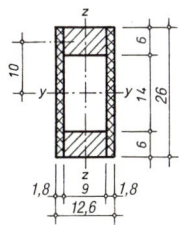

Werden in einem Träger Materialien mit verschieden großen E-Moduln verwendet, dann müssen sie im Verhältnis zu den verschiedenen E-Moduln angesetzt werden.

In diesem Beispiel ist

Vollholz $E = 1.000.000$ N/cm² (10^6 N/cm²)

Sperrholz $E = 450.000$ N/cm²

$$n_s = \frac{E_s}{E_1} = \frac{450.000}{1.000.000} = 0{,}45$$

$I_y = n_s \cdot I_s + \Sigma (I_1 + A_1 \cdot a_1^2)$

$I_y:$ $\quad 0{,}45 \cdot \dfrac{3{,}6 \cdot 26^3}{12} \qquad = 2.373$ cm³

$\quad + 2 \cdot \left(\dfrac{9 \cdot 6^3}{12} + 9 \cdot 6 \cdot 10^2 \right) = 11.124$ cm³

$\qquad\qquad\qquad\qquad I_y = 13{,}497$ cm³

Biegerandspannung in den Gurten

$$\sigma_1 = \frac{M \cdot H}{I_y \cdot 2}$$

$$= \frac{1.012.500 \cdot 26}{13.497 \cdot 2}$$

$= 975$ N/cm² < 1.000 N/cm²

Biegerandspannung in den Stegen

$\sigma_{st} = \sigma_1 \cdot n = 975 \cdot 0{,}45 = 439$ N/cm³ < 900 N/cm²

Schwerpunktspannung in den Gurten

$$\sigma_{a1} = \frac{M}{I_y} \cdot a_1 \qquad a_1 = \text{Schwerpunktabstand der Gurte von der Achse y — y}$$

$= \dfrac{1.012.500}{13.497} \cdot 10 = 750$ N/cm² < 850 N/cm²

* siehe Beispiel 41

Schubspannung in Schwerachse y — y

$$\tau = \frac{Q \cdot S_y}{I_y \cdot b_s}$$

$S_y = 6 \cdot 9 \cdot 10 + 1{,}62 \cdot 13 \cdot 6{,}5 = 677 \text{ cm}^3$

$$\tau = \frac{9.000 \cdot 677}{13.497 \cdot 3{,}6} = 125 \text{ N/cm}^2 < 180 \text{ N/cm}^2$$

Schubspannung in der Leimfuge

$$\tau = \frac{Q \cdot S_1}{I_y \cdot b_1}$$

$S_1 = 9 \cdot 6 \cdot 10 = 540 \text{ cm}^3$

$$\tau = \frac{9.000 \cdot 540}{13.497 \cdot 2 \cdot 6}$$

$= 30 \text{ N/cm}^2 < 90 \text{ N/cm}^2$

rechnerische Durchbiegung

$$f_B = 0{,}104 \cdot \frac{M \cdot \ell^2}{I_y}, \quad M \text{ in Nm}, \quad \ell \text{ in m},$$

$$f_\tau = \frac{M}{G \cdot A_{st}}, \quad M \text{ in Ncm},$$

G (Schubmodul) $= 50.000 \text{ N/cm}$

A_{st} (A-Steg) $= 2 \cdot 1{,}8 \cdot (14 + 6) = 72 \text{ cm}^2$

$$f_B = 0{,}104 \, \frac{10.125 \cdot 4{,}50^2}{13.497} = 1{,}58 \text{ cm}$$

$$f_\tau = \frac{1.012.500}{50.000 \cdot 72} = 0{,}28 \text{ cm}$$

$\Sigma \; f = 1{,}86 \text{ cm}$

$$\text{zul } f = \frac{450}{300} = 1{,}50 \text{ cm} < 1{,}86 \text{ cm}$$

44. Mehrteiliger Deckenbalken

starre Verbindung, Steg aus Flachpreßplatte (verleimt)

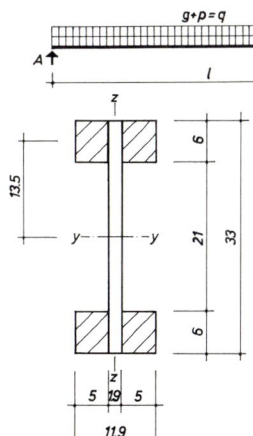

Statische Werte wie Beispiel 41

Werden in einem Träger Materialien mit verschieden großen E-Moduln verwendet, dann müssen sie im Verhältnis zu den verschiedenen E-Moduln angesetzt werden. In diesem Beispiel ist

Vollholz $\quad E_1 = 1.000.000 \text{ N/cm}^2$

Flachpreßplatte $\quad E_s = 190.000 \text{ N/cm}^2$

$$n_s = \frac{E_s}{E_1} = \frac{190.000}{1.000.000} = 0{,}19$$

Trägheitsmoment

$$I_y = n_s \cdot I_s + \Sigma (I_1 + A_1 \cdot a_1^2)$$

$$I_y: \quad 0{,}19 \cdot \frac{1{,}9 \cdot 33^3}{12} \qquad\qquad = 1.081 \text{ cm}^4$$

$$+ 4 \cdot \left(\frac{5 \cdot 6^3}{12} + 5 \cdot 6 \cdot 13{,}5^2\right) \quad = 22.230 \text{ cm}^4$$

$$I_y = 23{,}311 \text{ cm}^4$$

Biegerandspannung in den Gurten

$$\sigma_1 = \frac{M \cdot H}{I_y \cdot 2}$$

$$= \frac{1.012.500 \cdot 33}{23.311 \cdot 2}$$

$$= 717 \text{ N/cm}^2 < 1.000 \text{ N/cm}^2$$

Randspannung im Steg

$$\sigma_S = n_s \cdot \sigma_1 = 0{,}19 \cdot 717 = 136 \text{ N/cm}^2 < 300 \text{ N/cm}^2$$

Schwerpunktspannung in den Gurten

$$\sigma_{a1} = \frac{M}{I_y} \cdot a_1 \qquad a_1 = \text{Schwerpunktabstand der Gurte von der Achse } y - y$$

$$= \frac{1.012.500}{23.311} \cdot 13{,}5 = 586 \text{ N/cm}^2 < 850 \text{ N/cm}^2$$

Schubspannung in Schwerachse y — y

$$\tau = \frac{Q \cdot S_y}{I_y \cdot b_s}$$

$S_y = 2 \cdot 5 \cdot 6 \cdot 13{,}5 + 0{,}19 \cdot 1{,}9 \cdot 16{,}5 \cdot 8{,}25 = 859 \text{ cm}^3$

$$\tau = \frac{9.000 \cdot 859}{23.311 \cdot 1{,}9}$$

$= 175 \text{ N/cm}^2 < 180 \text{ N/cm}^2$

Schubspannung in der Leimfuge

$$\tau = \frac{Q \cdot S_1}{I_y \cdot b_1}$$

$S_1 = 2 \cdot 5 \cdot 6 \cdot 13{,}5 = 810 \text{ cm}^3$

$$\tau = \frac{9.000 \cdot 810}{23.311 \cdot 2 \cdot 6}$$

$= 26 \text{ N/cm}^2 < 40 \text{ N/cm}^2$

rechnerische Durchbiegung

$$f_B = 0{,}104 \cdot \frac{M \cdot \ell^2}{I_y}, \quad M \text{ in Nm}, \quad \ell \text{ in m},$$

$$f_\tau = \frac{M}{G \cdot A_{st}}, \quad M \text{ in Ncm},$$

G (Schubmodul-Flachpreßplatte, d = 2 cm) = 100.000 N/cm³

A_{st} (A-Steg) = 1,9 · (21 + 6) = 51,3 cm²

$$f_B = 0{,}104 \, \frac{10.125 \cdot 4{,}50^2}{23.311} = 0{,}91 \text{ cm}$$

$$f_\tau = \frac{1.012.500}{100.000 \cdot 51{,}3} = 0{,}20 \text{ cm}$$

$\Sigma \; f = 1{,}11 \text{ cm}$

zul $f = \dfrac{450}{300} = 1{,}50 \text{ cm} > 1{,}11 \text{ cm}$

45. Mehrteiliger Deckenbalken

starre Verbindung, Stege aus Flachpreßplatten (verleimt)

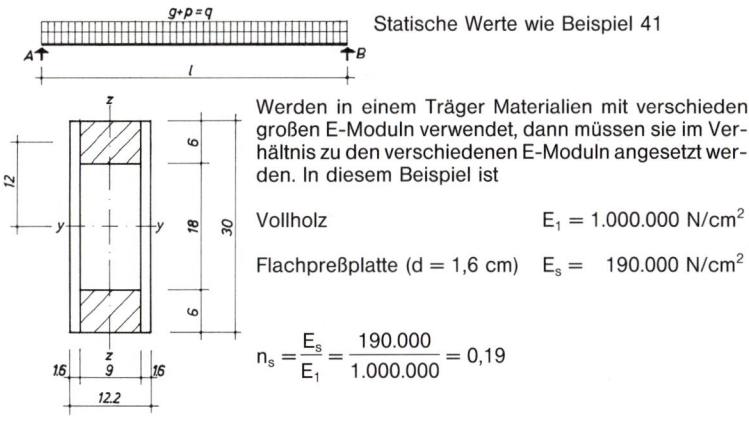

Statische Werte wie Beispiel 41

Werden in einem Träger Materialien mit verschieden großen E-Moduln verwendet, dann müssen sie im Verhältnis zu den verschiedenen E-Moduln angesetzt werden. In diesem Beispiel ist

Vollholz $\quad E_1 = 1.000.000 \text{ N/cm}^2$

Flachpreßplatte (d = 1,6 cm) $\quad E_s = 190.000 \text{ N/cm}^2$

$$n_s = \frac{E_s}{E_1} = \frac{190.000}{1.000.000} = 0{,}19$$

Trägheitsmoment

$$I_y = n_s \cdot I_S + \Sigma\,(I_1 + A_1 \cdot a_1^2)$$

$$I_y: \quad 0{,}19 \cdot \frac{3{,}2 \cdot 30^3}{12} \qquad = 1.368 \text{ cm}^4$$

$$+\, 2 \cdot \left(\frac{9 \cdot 6^3}{12} + 9 \cdot 6 \cdot 12^2\right) \quad = 15.876 \text{ cm}^4$$

$$I_y = 17.244 \text{ cm}^4$$

Biegerandspannung in den Gurten

$$\sigma_1 = \frac{M \cdot H}{I_y \cdot 2}$$

$$= \frac{1.012.500 \cdot 30}{17.244 \cdot 2}$$

$$= 881 \text{ N/cm}^2 < 1.000 \text{ N/cm}^2$$

Biegerandspannung in den Stegen

$$\sigma_{st} = n_s \cdot \sigma_1 = 0{,}19 \cdot 881 = 167 \text{ N/cm}^2 < 300 \text{ N/cm}^2$$

Schwerpunktspannung in den Gurten

$$\sigma_{a1} = \frac{M}{I_y} \cdot a_1 \qquad a_1 = \text{Schwerpunktabstand der Gurte von der Achse } y - y$$

$$= \frac{1.012.500}{17.244} \cdot 12 \quad = 705 \text{ N/cm}^2 < 850 \text{ N/cm}^2$$

Schubspannung in Schwerachse y — y

$$\tau = \frac{Q \cdot S_y}{I_y \cdot b_s}$$

$S_y = 9 \cdot 6 \cdot 12 + 0{,}19 \cdot 3{,}2 \cdot 15 \cdot 7{,}5 = 716 \text{ cm}^3$

$$\tau = \frac{9.000 \cdot 716}{17.244 \cdot 3{,}2}$$

$= 117 \text{ N/cm}^2 < 180 \text{ N/cm}^2$

Schubspannung in der Leimfuge

$$\tau = \frac{Q \cdot S_1}{I_y \cdot b_1}$$

$S_1 = 9 \cdot 6 \cdot 12 = 648 \text{ cm}^3$

$$\tau = \frac{9.000 \cdot 648}{17.244 \cdot 2 \cdot 6}$$

$= 28 \text{ N/cm}^2 < 40 \text{ N/cm}^2$

rechnerische Durchbiegung

$$f_B = 0{,}104 \cdot \frac{M \cdot \ell^2}{I_y}, \quad M \text{ in Nm}, \quad \ell \text{ in m},$$

$$f_\tau = \frac{M}{G \cdot A_{st}}, \quad M \text{ in Ncm},$$

G (Schubmodul-Flachpreßplatte, d = 1,6 cm) = 100.000 N/cm²

A_{st} (A-Steg) = 2 · 1,6 · (18 + 6) = 76,8 cm²

$$f_B = 0{,}104 \, \frac{10.125 \cdot 4{,}50^2}{17.244} = 1{,}24 \text{ cm}$$

$$f_\tau = \frac{1.012.500}{100.000 \cdot 76{,}8} = 0{,}13 \text{ cm}$$

$\Sigma \; f = 1{,}37 \text{ cm}$

$$\text{zul } f = \frac{450}{300} = 1{,}50 \text{ cm} > 1{,}37 \text{ cm}$$

46. Mehrteiliger Deckenbalken

nachgiebige Verbindung, Vollholz (genagelt)

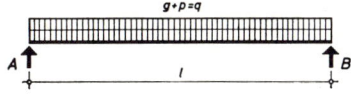

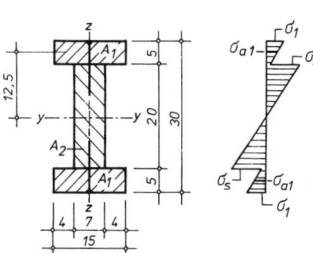

Gegeben: Stützweite $\ell = 4{,}50$ m

Lasten   g = 1.000 N/m

p = 2.000 N/m

q = 3.000 N/m

Nagelabstand

min $e' = 4{,}2$ cm

max $e' = 7{,}5$ cm

Gesucht: Genagelter I-Querschnitt nach Skizze

Auflagerkräfte

$A = B = Q = 0{,}5 \cdot q \cdot \ell$
$= 0{,}5 \cdot 3.000 \cdot 4{,}50 = 6.750$ N

Biegemoment

$M = 0{,}125 \cdot q \cdot \ell^2$

$= 0{,}125 \cdot 3.000 \cdot 4{,}50^2$

$= 7.594$ Nm $= 759.400$ Ncm

erforderliches Trägheitsmoment infolge Durchbiegung für eine zulässige Durchbiegung von

$_{zul} f = \dfrac{\ell}{300}$ und $E = 10^6$ N/cm²

$_{erf} I_y = 0{,}313 \cdot M \cdot \ell$, M in Nm, ℓ in m

$= 0{,}313 \cdot 7.594 \cdot 4{,}50$

$= 10.696$ cm⁴

Das wirksame Trägheitsmoment ist

$I_w = I_S + \Sigma I_1 + \gamma \Sigma (A_1 \cdot a_1^2)$, darin ist $\gamma = \dfrac{1}{1+k}$ und

$k = \dfrac{\pi^2 \cdot E \cdot A_1 \cdot e'_w}{\ell^2 \cdot C}$, $C = 6.000$ N/cm

$e'_w = 0{,}75$ min $e' + 0{,}25$ max e'

$= 0{,}75 \cdot 4{,}2 + 0{,}25 \cdot 7{,}5$

$= 5{,}0$ cm

$$A_1 = 5 \cdot 15 = 75 \text{ cm}^2$$

$$k = \frac{\pi^2 \cdot 10^6 \cdot 75 \cdot 5{,}0}{450^2 \cdot 6.000} = 3{,}061$$

$$\gamma = \frac{1}{1 + 3{,}061} = 0{,}246$$

$$I_w: \quad 2 \cdot \frac{1}{12} \cdot 15 \cdot 5^3 \quad = 313 \text{ cm}^4$$

$$+ \frac{1}{12} \cdot 7 \cdot 20^3 \quad = 4.667 \text{ cm}^4$$

$$+ 2 \cdot 0{,}246 \cdot 75 \cdot 12{,}5^2 \; = \underline{5.770 \text{ cm}^4}$$

$$\phantom{+ 2 \cdot 0{,}246 \cdot 75 \cdot 12{,}5^2 \;\;} 10.750 \text{ cm}^4$$

Schubkraft in der Nagelfuge

$$t_w = \frac{Q \cdot A_1 \cdot \gamma \cdot a_1}{I_w}$$

$$= \frac{6.750 \cdot 75 \cdot 0{,}246 \cdot 12{,}5}{10.750} = 145 \text{ N/cm}$$

erforderlicher Nagelabstand (Nägel 42/110)

$$\text{erf. } e' = \frac{625}{145} = 4{,}3 \text{ cm} > 4{,}2 \text{ cm}$$

Die Nagelabstände sind analog zur Querkraftlinie abzustufen.

Biegerandspannungen im Steg

$$\sigma_s = \frac{M \cdot h_S}{I_w \cdot 2} \quad h_S = \text{Steghöhe}$$

$$= \frac{759.400 \cdot 20}{10.750 \cdot 2} = 706 \text{ N/cm}^2 < 1.000 \text{ N/cm}^2$$

Biegerandspannung in den Gurten

$$\sigma_1 = \frac{M}{I_w} \left(\gamma \cdot a_1 + \frac{h_1}{2} \right), \quad h_1 = \text{Gurthöhe}$$

$$= \frac{759.400}{10.750} \left(0{,}246 \cdot 12{,}5 + \frac{5{,}0}{2} \right)$$

$$= 394 \text{ N/cm}^2 < 1.000 \text{ N/cm}^2$$

Schwerpunktspannung in den Gurten

$$\sigma_{a1} = \frac{M \cdot \gamma \cdot a_1}{I_w}$$

$$= \frac{759.400 \cdot 0{,}246 \cdot 12{,}5}{10.750}$$

$$= 217 \text{ N/cm}^2 < 850 \text{ N/cm}^2$$

Schubspannung in Schwerachse y — y

$$\tau = \frac{Q \cdot S_w}{I_w \cdot b_s}$$

$S_w = 75 \cdot 0{,}246 \cdot 12{,}5 = 232 \text{ cm}^3$

$ + 7 \cdot 10 \cdot 5 = 350 \text{ cm}^3$

$ \overline{582 \text{ cm}^3}$

$$\tau = \frac{6.750 \cdot 582}{10.750 \cdot 7} = 52 \text{ N/cm}^2 < 90 \text{ N/cm}^2$$

rechnerische Durchbiegung

$$f_B = 0{,}104 \, \frac{M \cdot \ell^2}{I_w}, \quad \text{M in Nm, } \ell \text{ in m}$$

$$f_\tau = \frac{M}{G \cdot A_{st}}, \quad \text{M in Ncm}$$

$ G \text{ (Schubmodul)} = 50.000 \text{ N/cm}^2$

$ A_{st} \text{ (A-Steg)} = 7 \cdot 20 = 140 \text{ cm}^2$

$$f_B = 0{,}104 \cdot \frac{7.594 \cdot 4{,}50^2}{10.750} = 1{,}48 \text{ cm}$$

$$f_\tau = \frac{759.400}{50.000 \cdot 140} = 0{,}11 \text{ cm}$$

$$\phantom{f_\tau = \frac{759.400}{50.000 \cdot 140}} \Sigma f = 1{,}59 \text{ cm}$$

$$\text{zul } f = \frac{450}{300} = 1{,}50 \text{ cm} < 1{,}59 \text{ cm}$$

Die rechnerische Durchbiegung ist größer als nach DIN 1052 erlaubt, der Träger muß stärker ausgebildet werden.

47. Mehrteiliger Deckenbalken

nachgiebige Verbindung, Steg aus Bau-Furniersperrholz (genagelt)

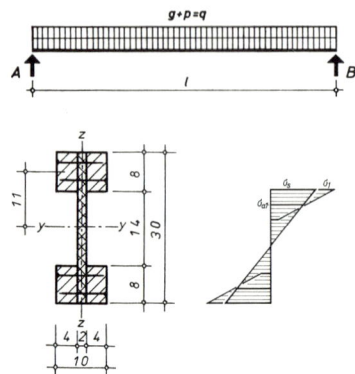

Statische Werte wie Beispiel 46
Nagelabstand min $e' = 4{,}5$ cm
max $e' = 12$ cm

Werden in einem Träger Materialien mit verschieden großen E-Moduln verwendet, dann müssen sie im Verhältnis zu den verschiedenen E angesetzt werden.

In diesem Beispiel ist

$\quad$ Vollholz $E_1 = 1.000.000$ N/cm^2
$\qquad\quad\ = 10^6$ N/cm^2
$\quad$ Sperrholz $E_s = \ 450.000$ N/cm^2

$$n_s = \frac{450.000}{1.000.000} = 0{,}45$$

Das wirksame Trägheitsmoment

$$I_w = n_S \cdot I_S + \Sigma\, I_1 + \gamma \cdot \Sigma\, (A_1 \cdot a_1^2)$$

darin ist $\gamma = \dfrac{1}{1+k}$ und

$$k = \frac{\pi^2 \cdot E_1 \cdot A_1 \cdot e'_w}{\ell^2 \cdot C}$$

$e'_w = 0{,}75 \cdot \min e' + 0{,}25 \cdot \max e'$
$\quad\ = 0{,}75 \cdot 4{,}5 + 0{,}25 \cdot 12{,}0 = 6{,}38$ cm
$A_1\ = 2 \cdot 4 \cdot 8 = 64$ cm^2, $C = 18.000$ N/cm

$$k = \frac{\pi^2 \cdot 10^6 \cdot 64 \cdot 6{,}38}{450^2 \cdot 18.000} = 1{,}105$$

$$\gamma = \frac{1}{1 + 1{,}105} = 0{,}475$$

$I_w:\quad 0{,}45 \cdot \dfrac{1}{12} \cdot 2 \cdot 30^3 \quad = 2.025$ cm^4

$\qquad\ + 4 \cdot \dfrac{1}{12} \cdot 4 \cdot 8^3 \quad\ = \ \ 683$ cm^4

$\qquad\ + 2 \cdot 0{,}475 \cdot 64 \cdot 11^2 = 7.357$ cm^4

$\qquad\qquad\qquad\qquad\qquad\ \overline{10.065\ \text{cm}^4}$

Schubkraft in den Nagelfugen

$$t_w = \frac{Q \cdot A_1 \cdot \gamma \cdot a_1}{I_w}$$

$$= \frac{6.750 \cdot 64 \cdot 0{,}475 \cdot 11}{10.065} = 224 \text{ N/cm}$$

Nägel 38/100 mit zul $F_{Na} = 1.050$ N (zweischnittig)

erforderlicher Nagelabstand

$$e' = \frac{F_{Na}}{t_w} = \frac{1.050}{224} = 4{,}7 > 4{,}5 \text{ cm}$$

Die Nagelabstände sind analog zur Querkraftlinie abzustufen.

Biegerandspannungen im Steg

$$\sigma_s = \frac{M \cdot H}{I_w \cdot 2} \cdot n_s$$

$$= \frac{759.400 \cdot 30}{10.065 \cdot 2} \cdot 0{,}45$$

$$= 509 \text{ N/cm}^2 < 900 \text{ N/cm}^2$$

Biegerandspannung in den Gurten

$$\sigma_1 = \frac{M}{I_w} \cdot \left(\gamma \cdot a_1 + \frac{h_1}{2}\right)$$

$$= \frac{759.400}{10.065} \left(0{,}475 \cdot 11 + \frac{8{,}0}{2}\right)$$

$$= 696 \text{ N/cm}^2 < 1.000 \text{ N/cm}^2$$

Schwerpunktspannung in den Gurten

$$\sigma_{a1} = \frac{M \cdot \gamma \cdot a_1}{I_w}$$

$$= \frac{759.400 \cdot 0{,}475 \cdot 11}{10.065}$$

$$= 394 \text{ N/cm}^2 < 850 \text{ N/cm}^2$$

Schubspannung im Steg

$$\tau = \frac{Q \cdot S_w}{I_w \cdot b_s}$$

$S_w = 0{,}475 \cdot 64 \cdot 11 \quad = + 334 \text{ cm}^3$

$ + 0{,}45 \cdot 2{,}0 \cdot 15 \cdot 7{,}5 \quad = + 101 \text{ cm}^3$

$\phantom{S_w = + 0{,}45 \cdot 2{,}0 \cdot 15 \cdot 7{,}5 \quad =\ \ } 435 \text{ cm}^3$

$$\tau = \frac{6.750 \cdot 435}{10.065 \cdot 2} = 146 \text{ N/cm}^2 < 180 \text{ N/cm}^2$$

rechnerische Durchbiegung

$$f_B = 0{,}104 \cdot \frac{M \cdot \ell^2}{I_w}, \quad M \text{ in Nm}, \quad \ell \text{ in m}$$

$$f_\tau = \frac{M}{G \cdot A_{st}}, \quad M \text{ in Ncm}$$

G (Schubmodul) = 50.000 N/cm^2

A_{st} (A-Steg) = $2 \cdot (14 + 8) = 44$ cm^2

$$f_B = 0{,}104 \, \frac{7.594 \cdot 4{,}50^2}{10.970} = 1{,}46 \text{ cm}$$

$$f_\tau = \frac{759.400}{50.000 \cdot 44} = 0{,}35 \text{ cm}$$

$\phantom{f_\tau = \frac{759.400}{50.000 \cdot 44} = \;}$ 1,80 cm

$$\text{zul } f = \frac{450}{300} = 1{,}50 \text{ cm} < 1{,}80 \text{ cm}$$

die rechnerische Durchbiegung ist größer als nach DIN 1052 für Deckenbalken erlaubt, der Träger müßte stärker ausgebildet werden.

48. Mehrteiliger Deckenbalken

nachgiebige Verbindung, Steg aus Bau-Furniersperrholz (genagelt)

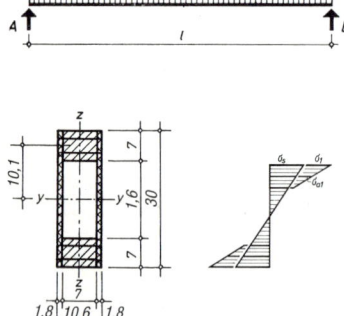

Statische Werte wie Beispiel 46

Nagelabstand min $e' = 1$ cm
 max $e' = 2{,}2$ cm

Werden in einem Träger Materialien mit verschieden großen E-Moduln verwendet, dann müssen sie im Verhältnis zu den verschiedenen E angesetzt werden.

In diesem Beispiel ist

 Vollholz $E_1 = 1.000.000$ N/cm^2
 10^6 N/cm^2
 Sperrholz $E_s = 450.000$ N/cm^2

$$n_s = \frac{450.000}{1.000.000} = 0{,}45$$

Der wirksame Trägheitsmoment ist

$$I_w = n_S \cdot I_S + \Sigma\, I_1 + \gamma \cdot \Sigma\, (A_1 \cdot a_1^2)$$

darin ist $\gamma = \dfrac{1}{1+k}$ und

$$k = \dfrac{\pi^2 \cdot E_1 \cdot A_1 \cdot e'_w}{\ell^2 \cdot C}$$

$e'_w = 0{,}75 \cdot \min e' + 0{,}25 \cdot \max e'$

$ = 0{,}75 \cdot 1 + 0{,}25 \cdot 2{,}2 = 1{,}3$ cm

$A_1 = 7 \cdot 7 = 49$ cm^2, $C = 9.000$ N/cm

$$k = \dfrac{\pi^2 \cdot 10^6 \cdot 49 \cdot 1{,}3}{450^2 \cdot 9.000} = 0{,}345$$

$$\gamma = \dfrac{1}{1 + 0{,}345} = 0{,}743$$

I_w: $\quad 0{,}45 \cdot \dfrac{1}{12} \cdot 3{,}6 \cdot 30^3 \quad = 3.645$ cm^4

$ \quad + 2 \cdot \dfrac{1}{12} \cdot 7 \cdot 7^3 \quad\quad = 400$ cm^4

$ \quad + 2 \cdot 0{,}743 \cdot 49 \cdot 11{,}5^2 = 9.630$ cm^4

$ \overline{13.675 \text{ cm}^4}$

Schubkraft in den Nagelfugen

$$t_w = \dfrac{Q \cdot A_1 \cdot \gamma \cdot a_1}{I_w}$$

$$ = \dfrac{6.750 \cdot 49 \cdot 0{,}743 \cdot 11{,}5}{13.675} = 206 \text{ N/cm}$$

Nägel 22/45 mit zul $F_{Na} = 200$ N (einschnittig)

erforderlicher Nagelabstand

$$e' = \dfrac{\text{zul } F_{Na}}{t_w} = \dfrac{200}{206} = 0{,}97 \text{ cm} \approx 1 \text{ cm}$$

je Seite 2,0 cm; wenn die Nägel in 2 Reihen geschlagen werden, beträgt der Abstand in jeder Reihe 4 cm. Die Nagelabstände sind analog zur Querkraftlinie abzustufen.

Biegerandspannungen in den Sperrholzstegen

$$\sigma_s = \dfrac{M \cdot H}{I_w \cdot 2} \cdot n_s$$

$$ = \dfrac{759.400 \cdot 30}{13.675 \cdot 2} \cdot 0{,}45 = 375 \text{ N/cm}^2 < 900 \text{ N/cm}^2$$

Biegerandspannung in den Gurten

$$\sigma_1 = \frac{M}{I_w} \cdot \left(\gamma \cdot a_1 + \frac{h_1}{2}\right)$$

$$= \frac{759.400}{13.675}\left(0{,}743 \cdot 11{,}5 + \frac{7{,}0}{2}\right)$$

$$= 669 \text{ N/cm}^2 < 1.000 \text{ N/cm}^2$$

Schwerpunktspannung in den Gurten

$$\sigma_{a1} = \frac{M \cdot \gamma \cdot a_1}{I_w}$$

$$= \frac{759.400 \cdot 0{,}743 \cdot 11{,}5}{13.675}$$

$$= 474 \text{ N/cm}^2 < 850 \text{ N/cm}^2$$

Schubspannung in den Stegen

$$\tau = \frac{Q \cdot S_w}{I_w \cdot b_s}$$

$S_w = 0{,}743 \cdot 49 \cdot 11{,}5 \qquad = 419 \text{ cm}^3$

$+ 0{,}45 \cdot 3{,}6 \cdot 15 \cdot 7{,}5 \quad = \underline{182 \text{ cm}^3}$

$\phantom{S_w = 0{,}743 \cdot 49 \cdot 11{,}5 \qquad = }601 \text{ cm}^3$

$$\tau = \frac{6.750 \cdot 601}{13.675 \cdot 3{,}6} = 82 \text{ N/cm}^2 < 180 \text{ N/cm}^2$$

rechnerische Durchbiegung

$$f_B = 0{,}104 \cdot \frac{M \cdot \ell^2}{I_w}, \quad M \text{ in Nm}, \quad \ell \text{ in m}$$

$$f_\tau = \frac{M}{G \cdot A_{st}}, \quad M \text{ in Ncm},$$

$G \text{ (Schubmodul)} = 50.000 \text{ N/cm}^2$

$A_{st} \text{ (A-Steg)} = 2 \cdot 1{,}8 \, (16 + 7) = 82{,}8 \text{ cm}^2$

$f_B = 0{,}104 \, \dfrac{7.594 \cdot 4{,}50^2}{13.675} \qquad = 1{,}17 \text{ cm}$

$f_\tau = \dfrac{759.400}{50.000 \cdot 82{,}8} \qquad\quad = \underline{0{,}18 \text{ cm}}$

$\phantom{f_\tau = \dfrac{759.400}{50.000 \cdot 82{,}8} \qquad\quad}\Sigma\, f = 1{,}35 \text{ cm}$

$$\text{zul } f = \frac{450}{300} = 1{,}50 \text{ cm} > 1{,}35 \text{ cm}$$

49. Mehrteiliger Deckenbalken

nachgiebige Verbindung, Steg aus Flachpreßplatte (genagelt)

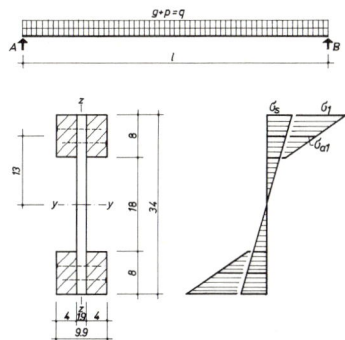

Statische Werte wie Beispiel 46
Nagelabstand min $e' = 4$ cm
max $e' = 12$ cm

Werden in einem Träger Materialien mit verschieden großen E-Moduln verwendet, dann müssen sie im Verhältnis zu den verschiedenen E-Moduln angesetzt werden. In diesem Beispiel ist

Vollholz $\quad E_1 = 1.000.000$ N/cm^2
Flachpreßplatte $E_s = \quad 190.000$ N/cm^2
(d = 2,0 cm)

$$n_s = \frac{E_s}{E_1} = \frac{190.000}{1.000.000} = 0,19$$

Das wirksame Trägheitsmoment ist

$$I_w = n_S \cdot I_S + \Sigma I_1 + \gamma \cdot \Sigma (A_1 \cdot a_1^2)$$

darin ist $\gamma = \dfrac{1}{1+k}$ und

$$k = \frac{\pi^2 \cdot E_1 \cdot A_1 \cdot e'_w}{\ell^2 \cdot C}$$

$e'_w = 0{,}75 \cdot \min e' + 0{,}25 \cdot \max e'$
$\quad\; = 0{,}75 \cdot 4{,}0 + 0{,}25 \cdot 12{,}0 = 6{,}0$ cm

$A_1 = 2 \cdot 4 \cdot 8 = 64$ cm^2, $C = 18.000$ N/cm

$$k = \frac{\pi^2 \cdot 10^6 \cdot 64 \cdot 6{,}0}{450^2 \cdot 18.000} = 1{,}04$$

$$\gamma = \frac{1}{1+1{,}04} = 0{,}49$$

I_w: $\quad 0{,}19 \cdot \dfrac{1{,}9 \cdot 34^3}{12} \quad = 1.182$ cm^4

$\quad\quad + 4 \cdot \dfrac{4 \cdot 8^3}{12} \quad\quad = 683$ cm^4

$\quad\quad + 2 \cdot 0{,}49 \cdot 64 \cdot 13^2 \; = 10.600$ cm^4

$\quad\quad\quad\quad I_w = 12.465$ cm^4

Schubkraft in den Nagelfugen

$$t_w = \frac{Q}{I_w} \cdot \gamma \cdot A_1 \cdot a_1$$

$$= \frac{6.750}{12.465} \cdot 0,49 \cdot 64 \cdot 13 = 220 \text{ N/cm}$$

Nägel 34/90 mit zul $F_{Na} = 862$ (zweischnittig)

erforderlicher Nagelabstand

$$e' = \frac{F_{Na}}{t_w} = \frac{862}{220} \cong 4,0 \text{ cm}$$

Die Nagelabstände sind analog zur Querkraftlinie abzustufen.

Biegerandspannung im Steg

$$\sigma_s = n_s \cdot \frac{M \cdot H}{I_w \cdot 2}$$

$$= 0,19 \cdot \frac{759.400 \cdot 34}{12.465 \cdot 2} \cdot 0,45$$

$$= 197 \text{ N/cm}^2 < 300 \text{ N/cm}^2$$

Biegerandspannung in den Gurten

$$\sigma_1 = \frac{M}{I_w} \cdot \left(\gamma \cdot a_1 + \frac{h_1}{2}\right)$$

$$= \frac{759.400}{12.465} \left(0,49 \cdot 13 + \frac{8,0}{2}\right)$$

$$= 632 \text{ N/cm}^2 < 1.000 \text{ N/cm}^2$$

Schwerpunktspannung in den Gurten

$$\sigma_{a1} = \frac{M}{I_w} \cdot \gamma \cdot a_1$$

$$= \frac{759.000}{12.465} \cdot 0,49 \cdot 13$$

$$= 388 \text{ N/cm}^2 < 850 \text{ N/cm}^2$$

Schubspannung im Steg

$$\tau = \frac{Q \cdot S_w}{I_w \cdot b_s}$$

$S_w = 0,49 \cdot 64 \cdot 13 \qquad = 408 \text{ cm}^3$

$ + 0,19 \cdot 1,9 \cdot 17 \cdot 8,5 = \underline{52 \text{ cm}^3}$

$ S_w = 460 \text{ cm}^3$

$$\tau = \frac{6.750 \cdot 460}{12.465 \cdot 1,9} = 131 \text{ N/cm}^2 < 180 \text{ N/cm}^2$$

rechnerische Durchbiegung

$$f_B = 0,104 \cdot \frac{M \cdot \ell^2}{I_w}, \quad M \text{ in Nm,} \quad \ell \text{ in m}$$

$$f_\tau = \frac{M}{G \cdot A_{st}}, \quad M \text{ in Ncm}$$

G (Schubmodul-Flachpreßplatte, d = 2 cm) = 100.000 N/cm²

A_{st} (A-Steg) = 1,9 · (18 + 8)   = 49,4 cm²

$$f_B = 0,104 \frac{7.594 \cdot 4,50^2}{12.465} = 1,28 \text{ cm}$$

$$f_\tau = \frac{759.400}{100.000 \cdot 49,4} = 0,15 \text{ cm}$$

$\Sigma f = 1,43$ cm

$$\text{zul } f = \frac{450}{300} = 1,50 \text{ cm} > 1,43 \text{ cm}$$

50. Mehrteiliger Deckenbalken

nachgiebige Verbindung, Stege aus Flachpreßplatten (genagelt)

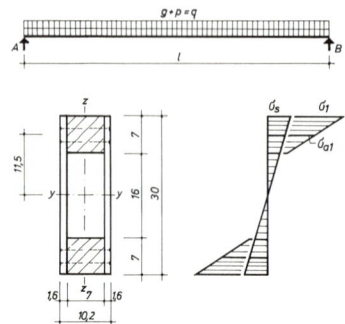

Statische Werte wie Beispiel 46
Nagelabstand min $e' = 0{,}75$ cm
max $e' = 2{,}20$ cm

Werden in einem Träger Materialien mit verschieden großen E-Moduln verwendet, dann müssen sie im Verhältnis zu den verschiedenen E-Moduln angesetzt werden. In diesem Beispiel ist

Vollholz $\quad E_1 = 1.000.000$ N/cm^2
Flachpreßplatte $E_s = \quad 190.000$ N/cm^2
($d = 1{,}6$ cm)

$$n_s = \frac{E_s}{E_1} = \frac{190.000}{1.000.000} = 0{,}19$$

Das wirksame Trägheitsmoment ist

$$I_w = n_S \cdot I_S + \Sigma I_1 + \gamma \cdot \Sigma (A_1 \cdot a_1^2)$$

darin ist $\gamma = \dfrac{1}{1+k}$ und

$$k = \frac{\pi^2 \cdot E_1 \cdot A_1 \cdot e'_w}{\ell^2 \cdot C}$$

$e'_w = 0{,}75 \cdot \min e' + 0{,}25 \cdot \max e'$
$\quad\; = 0{,}75 \cdot 0{,}75 + 0{,}25 \cdot 2{,}20 = 1{,}1$ cm

$A_1 = 7 \cdot 7 = 49$ cm^2, $C = 9.000$ N/cm

$$k = \frac{\pi^2 \cdot 10^6 \cdot 49 \cdot 1{,}1}{450^2 \cdot 9.000} = 0{,}292$$

$$\gamma = \frac{1}{1 + 0{,}292} = 0{,}774$$

I_w: $\quad 0{,}19 \cdot \dfrac{3{,}2 \cdot 30^3}{12} \qquad\qquad = 1.368$ cm^4

$\qquad\quad + 2 \cdot \dfrac{7 \cdot 7^3}{12} \qquad\qquad\quad = 400$ cm^4

$\qquad\quad + 2 \cdot 0{,}774 \cdot 49 \cdot 11{,}5^2 \quad = 10.031$ cm^4

$\qquad\qquad\qquad\qquad\qquad I_w = 11.799$ cm^4

Schubkraft in den Nagelfugen

$$t_w = \frac{Q}{I_w} \cdot \gamma \cdot A_1 \cdot a_1$$

$$= \frac{6.750}{11.799} \cdot 0{,}774 \cdot 49 \cdot 11{,}5 = 250 \text{ N/cm}$$

Nägel 22/45 mit zul $F_{Na} = 200$ N (einschnittig)

erforderlicher Nagelabstand

$$e' = \frac{F_{Na}}{t_w} = \frac{200}{250} = 0{,}80 \text{ cm} > 0{,}75 \text{ cm}$$

je Seite 1,5 cm; wenn die Nägel in 2 Reihen geschlagen werden, beträgt der Abstand in jeder Reihe 3,0 cm.
Die Nagelabstände sind analog zur Querkraftlinie abzustufen.

Biegerandspannung in den Stegen

$$\sigma_s = n_s \cdot \frac{M \cdot H}{I_w \cdot 2}$$

$$= 0{,}19 \cdot \frac{759.400 \cdot 30}{11.799 \cdot 2} \cdot 0{,}45$$

$$= 183 \text{ N/cm}^2 < 300 \text{ N/cm}^2$$

Biegerandspannung in den Gurten

$$\sigma_1 = \frac{M}{I_w} \cdot \left(\gamma \cdot a_1 + \frac{h_1}{2}\right)$$

$$= \frac{759.400}{11.799} \left(0{,}774 \cdot 11{,}5 + \frac{7{,}0}{2}\right)$$

$$= 798 \text{ N/cm}^2 < 1.000 \text{ N/cm}^2$$

Schwerpunktspannung in den Gurten

$$\sigma_{a1} = \frac{M}{I_w} \cdot \gamma \cdot a_1$$

$$= \frac{759.400}{11.799} \cdot 0{,}774 \cdot 11{,}5$$

$$= 573 \text{ N/cm}^2 < 850 \text{ N/cm}^2$$

Schubspannung in den Stegen

$$\tau = \frac{Q \cdot S_w}{I_w \cdot b_s}$$

S_w : $0{,}774 \cdot 49 \cdot 11{,}5 \quad = +\ 436 \text{ cm}^3$

$+ 0{,}19 \cdot 3{,}2 \cdot 15 \cdot 7{,}5 \quad = +\ \ 68 \text{ cm}^3$

$ S_w = \ \ \ 504 \text{ cm}^3$

$$\tau = \frac{6.750 \cdot 504}{11.799 \cdot 3,2} = 90 \text{ N/cm}^2 < 180 \text{ N/cm}^2$$

rechnerische Durchbiegung

$$f_B = 0{,}104 \cdot \frac{M \cdot \ell^2}{I_w}, \quad M \text{ in Nm}, \quad \ell \text{ in m}$$

$$f_\tau = \frac{M}{G \cdot A_{st}}, \quad M \text{ in Ncm}$$

G (Schubmodul-Flachpreßplatte, d = 1,6 cm) = 100.000 N/cm²

A_{st} (A-Steg) = 2 · 1,6 · (16 + 7) = 74 cm²

$$f_B = 0{,}104 \, \frac{7.594 \cdot 4{,}50^2}{11.799} = 1{,}36 \text{ cm}$$

$$f_\tau = \frac{759.400}{100.000 \cdot 74} = 0{,}10 \text{ cm}$$

$\Sigma f = 1{,}46$ cm

$$\text{zul } f = \frac{450}{300} = 1{,}50 \text{ cm} > 1{,}46 \text{ cm}$$

51. Deckenbalken aus Brettschichtholz

BSH Gkl. II

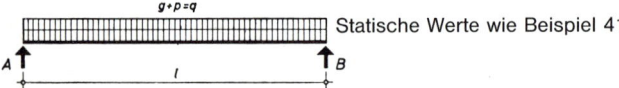

Statische Werte wie Beispiel 41

erforderliches Trägheitsmoment infolge Durchbiegung für eine zulässige Durchbiegung von

$$\text{zul } f = \frac{\ell}{300} \text{ und } E = 1{,}1 \cdot 10^6 \text{ N/cm}^2$$

$\text{erf } I_y = 0{,}313 \cdot M \cdot \ell / 1{,}1 \quad M \text{ in Nm}, \ell \text{ in m}$

$\phantom{\text{erf } I_y} = 0{,}313 \cdot 10.125 \cdot 4{,}50 / 1{,}1$

$\phantom{\text{erf } I_y} = 12.965 \text{ cm}^4$

gew.: **b = 10 cm**

zul σ_B = 1.100 N/cm²

$$\text{erf } W_y = \frac{M}{\sigma_B} = \frac{1.012.500}{1.100} = 920 \text{ cm}^3$$

Balkenhöhe

infolge Biegemoment

$$h = \sqrt{\frac{6 \cdot W}{b}} = \sqrt{\frac{6 \cdot 920}{10}} = 23,5 \text{ cm}$$

infolge Durchbiegung

$$h = \sqrt[3]{\frac{12\,I}{b}} = \sqrt[3]{\frac{12 \cdot 12.965}{10}} = 25,0 \text{ cm}$$

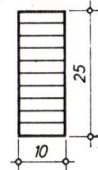

Querschnitt **10/25 cm**

mit $I_y = 13.021$ cm⁴, $W_y = 1.042$ cm²

$$\sigma = \frac{1.012.500}{1.042} = 972 \text{ N/cm}^2 < 1.100 \text{ N/cm}^2$$

Schubspannung

$$\tau = \frac{1,5 \cdot Q}{A} = \frac{1,5 \cdot 9.000}{10 \cdot 25} = 54 \text{ N/cm}^2 < 120 \text{ N/cm}^2$$

rechnerische Durchbiegung

$$f = 0,104 \cdot \frac{M \cdot \ell^2}{1,1 \cdot I_y}$$

$$= 0,104 \cdot \frac{10.125 \cdot 4,50^2}{1,1 \cdot 13.021}$$

$$= 1,49 \text{ cm} < \text{zul } f = \frac{450}{300} = 1,50 \text{ cm}$$

52. Deckenbalken aus Brettschichtholz

BSH Gkl. I, b = 8 cm

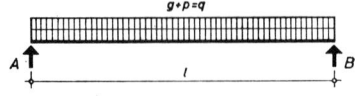

Statische Werte wie Beispiel 51

$E = 1{,}1 \cdot 10^6 \text{ N/cm}^2$

zul $\sigma_B = 1.400 \text{ N/cm}^2$

erf $W_y = \dfrac{M}{\sigma_B} = \dfrac{1.012.500}{1.400} = 723 \text{ cm}^3$

erf $I_y = 12.965 \text{ cm}^4$

Balkenhöhe

Infolge Biegemoment

$h = \sqrt{\dfrac{6W}{b}} = \sqrt{\dfrac{6 \cdot 723}{8}} = 23{,}3 \text{ cm}$

infolge Durchbiegung

$h = \sqrt[3]{\dfrac{12\,I}{b}} = \sqrt[3]{\dfrac{12 \cdot 12.965}{8}} = 26{,}8 \text{ cm}$

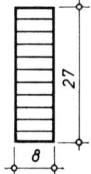

Querschnitt **8/27 cm**

mit $I_y = 13.122 \text{ cm}^4$, $W_y = 972 \text{ cm}^3$

$\sigma = \dfrac{M}{W_y} = \dfrac{1.012.500}{972} = 1.042 \text{ N/cm}^2 < 1.400 \text{ N/cm}^2$

Schubspannung

$\tau = \dfrac{1{,}5 \cdot Q}{A} = \dfrac{1{,}5 \cdot 9.000}{8 \cdot 27} = 63 \text{ N/cm}^2 < 120 \text{ N/cm}^2$

rechnerische Durchbiegung

$f = 0{,}104 \cdot \dfrac{M \cdot \ell^2}{1{,}1 \cdot I_y}$, M in Nm, ℓ in m

$ = 0{,}104 \cdot \dfrac{10.125 \cdot 4{,}50^2}{1{,}1 \cdot 13.122}$

$ = 1{,}48 \text{ cm} <$ zul $f = \dfrac{450}{300} = 1{,}50 \text{ cm}$

53. Unterzug aus zweiteiligen Dübelbalken

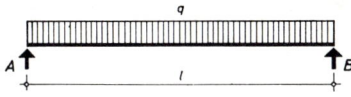

Gegeben: Stützweite $\ell = 6{,}50$ m
Last $q = 15.000$ N/m
Gesucht: Querschnitt u. Dübelabstand

Auflagerkräfte

$A = B = Q = 0{,}5 \cdot q \cdot \ell$
$= 0{,}5 \cdot 15.000 \cdot 6{,}50$
$= 48.750$ N

Biegemoment

$\max M = 0{,}125 \cdot q \cdot \ell^2$
$= 0{,}125 \cdot 15.000 \cdot 6{,}50^2$
$= 79.219$ Nm $= 7.921.900$ Ncm

Die Biegespannung und die Durchbiegung sind abhängig von dem wirksamen Trägheitsmoment

$I_w = \Sigma I_1 + \gamma \cdot \Sigma (A_1 \cdot a_1^2)$, $\gamma = \dfrac{1}{1 + k}$ und

$k = \dfrac{\pi^2 \cdot E \cdot A_1 \cdot A_2 \cdot e'_w}{\ell^2 (A_1 + A_2) \cdot C}$

$e'_w =$ Abstand der Dübel
$C =$ Verschiebungsmodul der Dübel

das ungeschwächte Trägheitsmoment kann geschätzt werden mit

$I_o = 0{,}5 \cdot M \cdot \ell$, M in Nm, ℓ in m
$I_o = 0{,}5 \cdot 79.219 \cdot 6{,}50$
$= 257.462$ cm^4

die Höhe des Querschnittes sollte betragen

$H = 0{,}08 \cdot \ell = 0{,}08 \cdot 6{,}50 = 0{,}52$ m $= 52$ cm

erforderliche Balkenbreite

$B = \dfrac{12 \cdot I_o}{h^3} = \dfrac{12 \cdot 257.462}{52^3} = 22$ cm

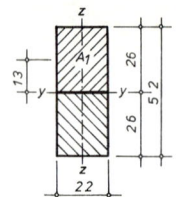 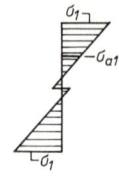

Querschnitt **2 x 22/26 cm = 22/52 cm**

mit $A_1 = A_2 = 22 \cdot 26 = 572 \text{ cm}^2$

2 Stahldübel ⌀ 20 mm, zul N_{st} = 9.200 N

$C = 2 \cdot 7 \cdot 9.200 = 128.800$ N/cm

geschätzter Dübelabstand

min e' = 7,5 cm, max e' = 4 · 7,5 = 30 cm

e'_w = 0,75 · min e' + 0,25 · max e'
= 0,75 · 7,5 + 0,25 · 30 = 13,1 cm

$$k = \frac{\pi^2 \cdot 10^6 \cdot 572 \cdot 572 \cdot 13,1}{650^2 (572 + 572) \cdot 128.800} = 0,680$$

$$\gamma = \frac{1}{1 + 0,680} = 0,595$$

I_w: $2 \cdot \dfrac{22}{12} \cdot 26^3$ = 64.445 cm^4

$\quad + 2 \cdot 0,595 \cdot 572 \cdot 13^2$ = 115.035 cm^4

$\qquad\qquad\qquad\qquad\qquad$ 179.480 cm^4

Schubkraft in der Fuge y — y

$$t_w = \frac{Q \cdot A_1 \cdot \gamma \cdot a_1}{I_w}$$

$$= \frac{48.750 \cdot 572 \cdot 0,595 \cdot 13}{179.480} = 1.202 \text{ N/cm}$$

erforderlicher Dübelabstand

$$\text{erf } e' = \frac{\text{zul } F_{Dü}}{t_w} = \frac{9.200}{1.202} = 7,7 \text{ cm} > e' = 7,5 \text{ cm}$$

Die Stahldübel sind in 2 Reihen versetzt anzuordnen.
Der Dübelabstand ist analog zur Querkraftlinie abzustufen.

Biegespannungen

Beim Trägheitsmoment muß die Schwächung durch den Stabdübel berücksichtigt werden.

$$I_w \text{ netto} = 179.480 \cdot \frac{22 - 2}{22} = 163.164 \text{ cm}^4$$

$$\sigma_1 = \frac{M}{I_{wn}}\left(\gamma \cdot a_1 + \frac{h_1}{2}\right)$$

$$\sigma_1 = \frac{7.921.900}{163.164} \cdot (0{,}595 \cdot 13 + 13) = 1.007 \text{ N/cm}^2 \approx 1.000 \text{ N/cm}^2$$

$$\sigma_{a1} = \frac{M}{I_{wn}} \cdot \gamma \cdot a_1 =$$

$$= \frac{7.921.900}{163.164} \cdot 0{,}595 \cdot 13 = 382 \text{ N/cm}^2 < 850 \text{ N/cm}^2$$

rechnerische Durchbiegung

$$f = 0{,}104 \cdot \frac{M \cdot \ell^2}{I_w}, \quad M \text{ in Nm}, \quad \ell \text{ in m}$$

$$= 0{,}104 \cdot \frac{79.219 \cdot 6{,}50^2}{179.480} = 1{,}94 \text{ cm} < \text{zul } f = \frac{650}{300} = 2{,}17 \text{ cm}$$

54. Zweiteiliger Dübelbalken

mit einer Einzellast aus einem Dachbinder

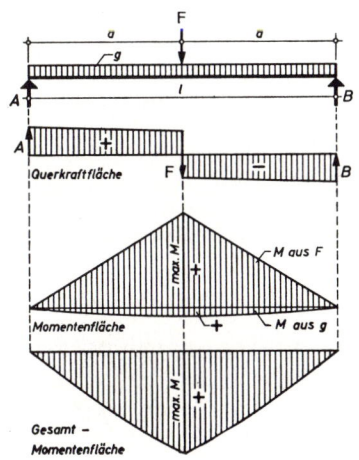

Gegeben: Stützweite $\ell = 8{,}00$ m

Lasten F

F_E aus Eigen-
gewichten = 15.000 N

F_s aus
Schneelast = 35.000 N

F = 50.000 N

dazu Eigen-
gewicht des
Balkens g = 900 N/m

Der Balken ist nur an den Auflagern und unter F seitlich gehalten.

Gesucht: Balkenquerschnitt und Dübelabstand

Auflagerkräfte bei Vollast

$A = B = Q = 0,5 \cdot F \quad = 0,5 \cdot 50.000 \quad = 25.000$ N

$ + 0,5 \cdot g \cdot \ell = 0,5 \cdot 900 \cdot 8,00 = \underline{3.600 \text{ N}}$

$ 28.600$ N

Biegemomente
aus Schneelast

$M_1 = 0,25 \cdot F_s \cdot \ell$

$ = 0,25 \cdot 35.000 \cdot 8,00 \qquad = 70.000$ Nm

aus Vollast

$M_2 = 0,25 \cdot F \cdot \ell$

$ = 0,25 \cdot 50.000 \cdot 8,00 = M_p \qquad = 100.000$ Nm

$ + 0,125 \cdot g \cdot \ell^2$

$ + 0,125 \cdot 900 \cdot 8,00^2 = M_g \qquad = \underline{7.200 \text{ Nm}}$

$ M_2 = 107.200$ Nm

erforderliche wirksame Trägheitsmomente infolge Durchbiegung

erf I_w aus M_1 (zul $f = \ell/300$)

$= 0,25 \cdot M_1 \cdot \ell$

$= 0,25 \cdot 70.000 \cdot 8,00 \qquad = 140.000$ cm^4

erf I_w aus M_2 (zul $f = \ell/200$)

$= 0,167 \cdot M_p \cdot \ell$

$= 0,167 \cdot 100.000 \cdot 8,00 \qquad = 133.600$ cm^4

$+ 0,208 \cdot M_g \cdot \ell$

$+ 0,208 \cdot 7.200 \cdot 8,00 \qquad = \underline{11.981 \text{ cm}^4}$

 erf $I_w = 145.580$ cm^4

Die Biegespannung und die Durchbiegung sind abhängig von dem wirksamen Trägheitsmoment

$I_w = \Sigma I_1 + \gamma \cdot \Sigma (A_1 \cdot a_1^2), \quad \gamma = \dfrac{1}{1 + k}$

$k = \dfrac{\pi^2 \cdot E \cdot A_1 \cdot A_2 \cdot e'_w}{\ell^2 (A_1 + A_2) \cdot C}$

e'_w = Abstand der Dübel

C = Verschiebungsmodul der Dübel

das ungeschwächte Trägheitsmoment kann geschätzt werden mit

$I_0 = 0.5 \cdot M \cdot \ell$, M in Nm, ℓ in m

$I_0 = 0.5 \cdot 107.200 \cdot 8.00$

$= 428.800 \text{ cm}^4$

die Höhe des Querschnittes sollte betragen

$H = 0.08 \cdot \ell = 0.08 \cdot 8.00 = 0.64 \text{ m} = 64 \text{ cm}$

erforderliche Balkenbreite

$$B = \frac{12 \cdot I_0}{h^3} = \frac{12 \cdot 428.800}{64^3} = 20 \text{ cm}$$

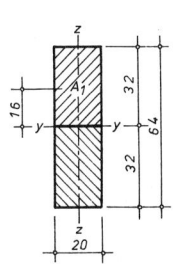 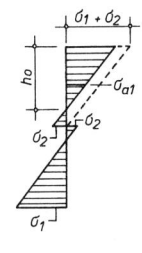

Querschnitt **2 x 20/32 cm = 20/64 cm**

mit $A_1 = A_2 = 20 \cdot 32 = 640 \text{ cm}^2$

2 Stahldübel ⌀ 20 mm, zul $N_{st} = 9.200$ N

$C = 2 \cdot 7 \cdot 9.200 = 128.800$ N/cm

geschätzter Dübelabstand

min e' = 10 cm, max e'$_w$ = 60 cm

$e'_w = 0.75 \cdot \min e' + 0.25 \cdot \max e'$

$= 0.75 \cdot 10 + 0.25 \cdot 60 = 17.5$ cm

$k = \dfrac{\pi^2 \cdot 10^6 \cdot 640 \cdot 640 \cdot 17.5}{800^2 \cdot (640 + 640) \cdot 128.800} = 0.659$

$\gamma = \dfrac{1}{1 + 0.659} = 0.603$

$I_w: 2 \cdot \dfrac{20}{12} \cdot 32^3 \qquad = 109.226 \text{ cm}^4$

$+ 2 \cdot 0.603 \cdot 640 \cdot 16^2 = 197.591 \text{ cm}^4$

$\overline{ 306.817 \text{ cm}^4}$

Schubkraft in der Fuge y — y

$t_w = \dfrac{Q \cdot A_1 \cdot \gamma \cdot a_1}{I_w}$

$= \dfrac{28.600 \cdot 640 \cdot 0.603 \cdot 16}{306.817}$

$= 576$ N/cm

Dübelabstand

$$\text{erf } e' = \frac{\text{zul } F_{D\ddot{u}}}{t_w} = \frac{9.200}{576} = 16 \text{ cm} > e' = 10 \text{ cm}$$

Der Dübelabstand ist analog zur Querkraftlinie abzustufen.

Biegespannungen

$$\sigma_1 = \frac{M}{I_w} \left(\gamma \cdot a_1 + \frac{h_1}{2} \right)$$

Beim Trägheitsmoment muß die Schwächung durch den Stabdübel berücksichtigt werden.

$$I_w \text{ netto} = 306.817 \cdot \frac{20 - 2}{20} = 276.135 \text{ cm}^4$$

$$\sigma_1 = \frac{10.720.000}{276.135} \cdot (0{,}603 \cdot 16 + 16)$$

$$= 996 \text{ N/cm}^2 < 1.000 \text{ N/cm}^2$$

$$\sigma_{a1} = \frac{10.720.000}{276.135} \cdot 0{,}603 \cdot 16 = 375 \text{ N/cm}^2 < 850 \text{ N/cm}^2$$

$$\sigma_2 = \frac{M}{I_{wn}} \left(\gamma \cdot a_1 - \frac{h_1}{2} \right)$$

$$= \frac{10.720.000}{276.135} \cdot (0{,}603 \cdot 16 - 16)$$

$$= -247 \text{ N/cm}^2 < 1.000 \text{ N/cm}^2$$

Kippen des gedrückten oberen Balkens:

$$h_o = h_1 \cdot \frac{\sigma_1}{\sigma_1 + \sigma_2} = 32 \cdot \frac{996}{996 + 247} = 25{,}6 \text{ cm}$$

Druckkraft

$$D = \frac{b_o \cdot h_o \cdot \sigma_1}{2} = \frac{(20 - 2) \cdot 25{,}6 \cdot 996}{2} = 229.478 \text{ N}$$

$$s_k = \frac{\ell}{2} = \frac{8{,}00}{2} = 4{,}00 \text{ m}, \quad i_z = 5{,}77 \text{ cm}$$

$$\lambda_z = \frac{s_k}{i_z} = \frac{400}{5{,}77} = 69, \quad \omega_z = 1{,}85$$

$$\sigma_\omega = \frac{\omega \cdot D}{b \cdot h_o} = \frac{1{,}85 \cdot 229.478}{(20 - 2) \cdot 25{,}6} = 921 \text{ N/cm}^2 < 1{,}26 \cdot 850 = 1.071 \text{ N/cm}^2$$

vereinfacht kann auch gerechnet werden

$$\sigma_\omega = \omega \cdot \frac{1}{2} \cdot \sigma_1 = 1{,}85 \cdot \frac{1}{2} \cdot 996 = 921 \text{ N/cm}^2 < 1{,}26 \cdot 850 = 1.071 \text{ N/cm}^2$$

in beiden Fällen wurde die Biegespannung unter F eingesetzt, die Knickspannung ist geringer als ermittelt, da sie in den Feldern zwischen F und den Auflagern auftritt und die Momente dort geringer sind.

Durchbiegung

da $I_w = 306.817 \text{ cm}^4 >$ erf $I_w = 145.500 \text{ cm}^4$

ist die rechnerische Durchbiegung geringer als zulässig.

Der Balken ist um $\ell/300$ zu überhöhen.

55. Unterzug als dreiteiliger Dübelbalken

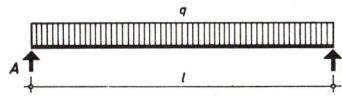

Gegeben: Stützweite $\ell = 6{,}50$ m
Belastung q = 15.000 N/m

Gesucht: Querschnitt und Dübelabstand

Auflagerkräfte

$A = B = Q = 0{,}5 \cdot q \cdot \ell$

$ = 0{,}5 \cdot 15.000 \cdot 6{,}50$

$ = 48.750$ N

Biegemoment

$\max M = 0{,}125 \cdot q \cdot \ell^2$

$ = 0{,}125 \cdot 15.000 \cdot 6{,}50^2$

$ = 79.219$ Nm $= 7.921.900$ Ncm

Die Biegespannung und die Durchbiegung sind abhängig von dem wirksamen Trägheitsmoment.

$I_w = \Sigma I_1 + \gamma \cdot \Sigma (A_1 \cdot a_1^2), \gamma = \dfrac{1}{1+k}$ und

$k = \dfrac{\pi^2 \cdot E \cdot A_1 \cdot e'_w}{\ell^2 \cdot C}$

$e'_w =$ Abstand der Dübel

$C =$ Verschiebungsmodul der Dübel

das ungesetzte Trägheitsmoment kann geschätzt werden mit

$I_o = 0{,}6 \cdot M \cdot \ell$ (M in Nm, ℓ in m)

$ = 0{,}6 \cdot 79.219 \cdot 6{,}50 = 308.954 \text{ cm}^4$

die Höhe des Querschnittes sollte betragen

$$H = 0{,}09 \cdot \ell = 0{,}09 \cdot 6{,}50 \approx 0{,}60 \text{ m} = 60 \text{ cm}$$

erforderliche Balkenbreite

$$B = \frac{12 \cdot I_o}{h^3} = \frac{12 \cdot 308.954}{60^3} \cong 18 \text{ cm}$$

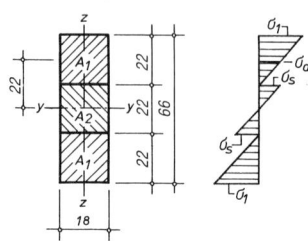

Querschnitt **3 x 18/22 cm = 18/66 cm**

mit $A_1 = 18 \cdot 22 = 396 \text{ cm}^2$

2 Stahldübel $\varnothing$ 20 mm, zul N_{st} = 9.200 N

$C = 2 \cdot 7 \cdot 9.200 = 128.800$ N/cm

geschätzter Dübelabstand

min e' = 10 cm, max e' = 40 cm
$e'_w = 0{,}75 \cdot \text{min e'} + 0{,}25 \cdot \text{max e'}$
$= 0{,}75 \cdot 10 + 0{,}25 \cdot 40 = 17{,}5$ cm

$$k = \frac{\pi^2 \cdot 10^6 \cdot 396 \cdot 17{,}5}{650^2 \cdot 128.800} = 1{,}257$$

$$\gamma = \frac{1}{1 + 1{,}257} = 0{,}443$$

I_w:

$$3 \cdot \frac{18}{12} \cdot 22^3 \qquad = 47.916 \text{ cm}^4$$

$$+\ 2 \cdot 0{,}443 \cdot 396 \cdot 22^2 = \underline{169.814 \text{ cm}^4}$$

$$217.730 \text{ cm}^4$$

Schubkraft in der Fuge

$$t_w = \frac{Q \cdot A_1 \cdot \gamma \cdot a_1}{I_w}$$

$$= \frac{48.750 \cdot 396 \cdot 0{,}443 \cdot 22}{217.730}$$

$$= 864 \text{ N/cm}$$

Schubkraft in der Schwerachse y – y

$$\tau = \frac{Q \cdot S_w}{I_w \cdot B}$$

$$S_w = 18 \cdot 22 \cdot 22 \cdot 0{,}443 = 3.859 \text{ cm}^3$$

$$+ 18 \cdot 11 \cdot 5{,}5 = 1.089 \text{ cm}^3$$

$$\overline{\phantom{+ 18 \cdot 11 \cdot 5{,}5 =} 4.948 \text{ cm}^3}$$

$$\tau = \frac{48.750 \cdot 4.948}{217.730 \cdot 18} = 62 \text{ N/cm}^2 < 90 \text{ N/cm}^2$$

erf. Dübelabstand

$$e' = \frac{\text{zul } F_{D\ddot{u}}}{t_w} = \frac{9.200}{864} = 10{,}6 \text{ cm}$$

Der Dübelabstand ist analog zur Querkraftlinie abzustufen.

Biegespannungen

Beim Trägheitsmoment muß die Schwächung durch den Bolzen berücksichtigt werden.

$$I_w \text{ netto} = 217.730 \cdot \frac{18-2}{18} = 193.538 \text{ cm}^4$$

$$\sigma_1 = \frac{M}{I_{wn}} \left(\gamma \cdot a_1 + \frac{h_1}{2} \right)$$

$$\sigma_1 = \frac{7.921.900}{193.538} \cdot (0{,}443 \cdot 22 + 11) = 849 \text{ N/cm}^2 < 1.000 \text{ N/cm}^2$$

$$\sigma_{a1} = \frac{M}{I_{wn}} \cdot \gamma \cdot a_1$$

$$= \frac{7.921.900}{193.538} \cdot 0{,}443 \cdot 22 = 399 \text{ N/cm}^2 < 850 \text{ N/cm}^2$$

$$\sigma_s = \frac{M}{I_{wn}} \cdot \frac{h_1}{2}$$

$$= \frac{7.921.900}{193.538} \cdot 11 = 452 \text{ N/cm}^2 < 1.000 \text{ N/cm}^2$$

rechnerische Durchbiegung

$$f = 0{,}104 \cdot \frac{M \cdot \ell^2}{I_w}, \quad M \text{ in Nm}, \quad \ell \text{ in m}$$

$$= 0{,}104 \cdot \frac{79.219 \cdot 6{,}50^2}{217.730}$$

$$= 1{,}60 \text{ cm} < \text{zul } f = \frac{650}{300} = 2{,}17 \text{ cm}$$

56. Unterzug aus Brettschichtholz der Güteklasse II

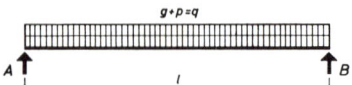

Gegeben: Stützweite ℓ = 8,00 m
Lasten g = 4.000 N/m
p = 8.000 N/m
q = 12.000 N/m

zul σ_B = 1.100 N/cm², E = 1.100.000 N/cm²

Gesucht: Querschnitt

Auflagerkräfte

$$A = B = Q = 0{,}5 \cdot q \cdot \ell$$
$$= 0{,}5 \cdot 12.000 \cdot 8{,}00$$
$$= 48.000 \text{ N}$$

Biegemoment

$$\text{max. } M = 0{,}125 \cdot q \cdot \ell^2$$
$$= 0{,}125 \cdot 12.000 \cdot 8{,}00^2$$
$$= 96.000 \text{ Nm} = 9.600.000 \text{ Ncm}$$

erforderliches Widerstandsmoment

$$\text{erf } W_y = \frac{M}{\sigma_B} = \frac{9.600.000}{1.100} = 8.727 \text{ cm}^3$$

erforderliches Trägheitsmoment infolge Durchbiegung für eine zulässige Durchbiegung von

$$\text{zul } f = \frac{\ell}{300}$$

$$\text{erf } I_y = \frac{0{,}313}{1{,}1} \cdot M \cdot \ell$$

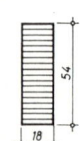

$$= \frac{0{,}313}{1{,}1} \cdot 96.000 \cdot 8{,}00 = 218.531 \text{ cm}^4$$

Querschnitt **18/54 cm**

$$I_y = 236.196 \text{ cm}^4, \quad W_y = 8.748 \text{ cm}^3, \quad A = 972 \text{ cm}^2$$

Biegespannung

$$\sigma = \frac{M}{W_y} = \frac{9.600.000}{8.748} = 1.097 \text{ N/cm}^2 < 1.100 \text{ N/cm}^2$$

Schubspannung

$$\tau = 1{,}5 \cdot \frac{Q}{A} = 1{,}5 \cdot \frac{48.000}{972} = 74 \text{ N/cm}^2 < 120 \text{ N/cm}^2$$

rechnerische Durchbiegung

$$f = 0{,}104 \cdot \frac{M \cdot \ell^2}{1{,}1 \cdot I_y}$$

$$= 0{,}104 \cdot \frac{96.000 \cdot 8{,}00^2}{1{,}1 \cdot 236{,}196} = 2{,}46 \text{ cm} < \text{cm zul } f = \frac{800}{300} = 2{,}67 \text{ cm}$$

57. Unterzug aus Brettschichtholz der Güteklasse I

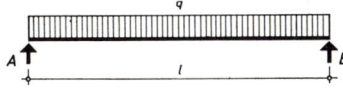

Gegeben: Stützweite $\quad \ell = 6{,}50$ m

Last $\quad q = 15.000$ N/m

zul $\sigma_B = 1.400$ N/cm², $E = 1.100.000$ N/cm²

Gesucht: Querschnitt

Auflagerkräfte

$A = B = Q = 0{,}5 \cdot q \cdot \ell$

$= 0{,}5 \cdot 15.000 \cdot 6{,}50$

$= 48.750$ N

Biegemoment

max $M = 0{,}125 \cdot q \cdot \ell^2$

$0{,}125 \cdot 15.000 \cdot 6{,}50^2$

$= 79.219$ Nm $= 7.921.900$ Ncm

erforderliches Wiederstandsmoment

$$\text{erf } W_y = \frac{M}{\sigma_B} = \frac{7.921.900}{1.400} = 5.659 \text{ cm}^3$$

erforderliches Trägheitsmoment infolge Durchbiegung für eine zulässige Durchbiegung von

$$\text{zul } f = \frac{\ell}{300}$$

$$\text{erf } I_y = \frac{0{,}313}{1{,}1} \cdot M \cdot \ell$$

$$= \frac{0{,}313}{1{,}1} \cdot 79.219 \cdot 6{,}50 = 146.519 \text{ cm}^4$$

Querschnitt **14/51 cm**

$I_y = 154.760$ cm⁴, $W_y = 6.069$ cm³, $A = 714$ cm²

Biegespannung

$$\sigma = \frac{M}{W_y} = \frac{7.921.900}{6.069} = 1.305 \text{ N/cm}^2 < 1.400 \text{ N/cm}^2$$

Schubspannung

$$\tau = 1{,}5 \cdot \frac{Q}{A} = 1{,}5 \cdot \frac{48.750}{714} = 102 \text{ N/cm}^2 < 120 \text{ N/cm}^2$$

rechnerische Durchbiegung

$$f = 0{,}104 \cdot \frac{M \cdot \ell^2}{1{,}1 \cdot I_y}$$

$$= 0{,}104 \cdot \frac{79.219 \cdot 6{,}50^2}{1{,}1 \cdot 154.760} = 2{,}00 \text{ cm} < \text{zul } f = \frac{650}{300} = 2{,}17 \text{ cm}$$

58. Sparren

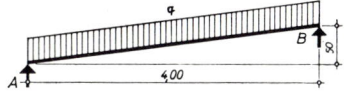

Gegeben: Stützweite im Grundriß ℓ = 4,00 m
Höhe h = 0,50 m
Sparrenabstand e = 0,90 m
Dachdeckung: Pappe auf Schalung

Gesucht: Sparrenquerschnitt

Dachneigung $\tan \alpha = \dfrac{0{,}50}{4{,}00} = 0{,}125$ $\alpha = 7{,}1°$

Sparrenlänge $\ell_1 = \dfrac{\ell}{\cos \alpha} = \dfrac{4{,}00}{0{,}992} = 4{,}03$ m

Lasten:

Dachdeckung + Schalung + Sparren g = 500 N/m²
Schneelast s = 750 N/m²
  q = 1.250 N/m² Grdfl.

Biegemoment

$\max M = 0{,}125 \cdot q \cdot e \cdot \ell^2$
$= 0{,}125 \cdot 1.250 \cdot 0{,}90 \cdot 4{,}00^2$
$= 2.250$ Nm $= 225.000$ Ncm

erforderliches Trägheitsmoment infolge Durchbiegung für eine zulässige Durchbiegung von

$\text{zul } f = \dfrac{\ell}{200}$ und $E = 10^6$ N/cm²

$\text{erf } I = 0{,}208 \cdot M \cdot \ell_1$
$= 0{,}208 \cdot 2.250 \cdot 4{,}03$
$= 1.886$ cm⁴

Querschnitt **9/14 cm**

mit $I_y = 2.058$ cm⁴, $W_y = 294$ cm³

Biegespannung

$\sigma = \dfrac{M}{W_y} = \dfrac{225.000}{294} = 765$ N/cm² < 1.000 N/cm²

59. Sparren

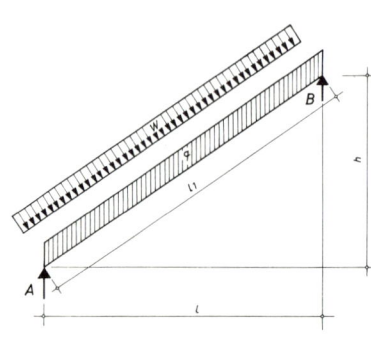

Gegeben: Stützweite
im Grundriß $\ell = 3.00$ m
Höhe $\quad$ h = 2,00 m

Sparren-
abstand $\quad$ e = 0,90 m

Dachdeckung:
Schieferdach auf Schalung

für Lastfall H (Hauptlasten):
$\quad$ zul σ^H = 1.000 N/cm²

für Lastfall HZ (Haupt- u. Zusatzlasten, z. B. Wind):
$\quad$ zul σ^{HZ} = 1,25 · 1.000 = 1.250 N/cm²

Gesucht: Sparrenquerschnitt

Dachneigung $\tan \alpha = \dfrac{2,00}{3,00} = 0{,}667$, $\alpha = 33{,}7°$

Sparrenlänge $\quad \ell_1 = \dfrac{l}{\cos \alpha} = \dfrac{3{,}00}{0{.}832} = 3{,}61$ m

Lasten:

Dachdeckung + Sparren: $g = \dfrac{650}{\cos \alpha} = 781$ N/m² Grdfl.

Schneelast $s = s_o \cdot k_s$

$k_s = 1 - \dfrac{\alpha - 30°}{40°} = 1 - \dfrac{33{,}7° - 30°}{40°} = 0{,}91$

$s = 750 \cdot 0{,}91 \quad\quad = 680$ N/m²

Vertikallast $q = 781 + 680 \quad = 1.461$ N/m² Grdfl.

Windlast $w = 0{,}48 \cdot 800 \quad = 384$ N/m² Dachfl.

Biegemomente

aus ständiger Last (H)

$\quad M_1 = 0{,}125 \cdot q \cdot e \cdot \ell^2$

$\quad\quad = 0{,}125 \cdot 1.461 \cdot 0{,}90 \cdot 3{,}00^2$

$\quad\quad = 1.479$ Nm = 147.900 Ncm

aus Wind (Z)

$\quad M_2 = 0{,}125 \cdot w \cdot e \cdot \ell_1^2$

$\quad\quad = 0{,}125 \cdot 384 \cdot 0{,}90 \cdot 3{,}61^2$

$\quad\quad = 563$ Nm = 56.300 Ncm

erforderliches Trägheitsmoment infolge Durchbiegung für eine zulässige Durchbiegung von

zul f $= \ell/200$ und E $= 10^6$ N/cm²

erf I $= 0{,}208 \cdot (M_1 + M_2) \cdot \ell_1$

$= 0{,}208 \,(1.479 + 563) \cdot 3{,}61$

$= 1.533$ cm⁴

Querschnitt **5/16 cm**

mit $I_y = 1.707$ cm⁴, $W_y = 213$ cm³

Biegespannungen

$\sigma_1 = \dfrac{M_1}{W_y} = \dfrac{147.900}{213} = 694$ N/cm² < 1.000 N/cm²

$\sigma_2 = \dfrac{M_1 + M_2}{W_y} = \dfrac{147.900 + 56.300}{213} = 959$ N/cm² $< 1{,}25 \cdot 1.000$ N/cm²

60. Sparren

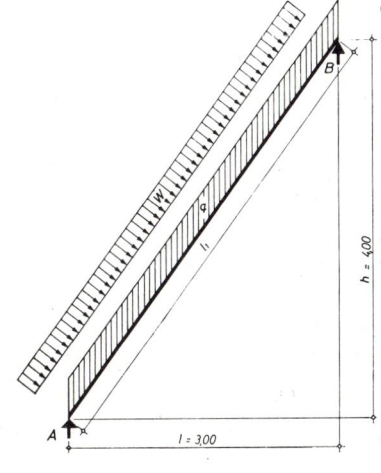

Gegeben: Stützweite
im Grundriß $\ell - 3{,}00$ m

Höhe $\quad h = 4{,}00$ m

Sparren-
abstand $\quad e = 0{,}80$ m

Dachdeckung:
Doppeldach aus Biberschwänzen

für Lastfall H (Hauptlasten):
zul $\sigma^H = 1.000$ N/cm²

für Lastfall HZ (Hauptlasten u. Zusatzlasten z. B. Wind):

zul $\sigma^{HZ} = 1{,}25 \cdot 1.000 = 1.250$ N/cm²

Gesucht: Sparrenquerschnitt

Dachneigung $\tan \alpha = \dfrac{4{,}00}{3{,}00} = 1{,}33, \ \alpha = 53{,}1°$

Sparrenlänge $\ell_1 = \dfrac{\ell}{\cos \alpha} = \dfrac{3{,}00}{0{,}600} = 5{,}00$ m

Lasten:

Dachdeckung + Sparren $g = \dfrac{950}{\cos \alpha} = 1.583$ N/m² Grdfl.

Windlast w $= 0,80 \cdot 800 \qquad = 640$ N/m² Dachfl.

Schneelast s $= s_o \cdot k_s$

$k_s = 1 - \dfrac{\alpha - 30°}{40°} \qquad = 1 - \dfrac{53,1 - 30°}{40°} = 0,42$

$s = 750 \cdot 0.42 \qquad = 315$ N/m² Grdfl.

Bei α über 45° ist Wind- **oder** Schneelast anzusetzen. Wind bringt hier größere Schnittkräfte.

Biegemomente:

aus ständiger Last (Lastfall H)

$M_1 = 0,125 \cdot g \cdot e \cdot \ell^2$

$= 0,125 \cdot 1.583 \cdot 0,80 \cdot 3,00^2$

$= 1.425$ Nm $= 142.500$ Ncm

aus Wind (Lastfall Z)

$M_2 = 0,125 \cdot w \cdot e \cdot \ell_1^2$

$= 0,125 \cdot 640 \cdot 0,80 \cdot 5,00^2$

$= 1.600$ Nm $= 160.000$ Ncm

erforderliches Trägheitsmoment infolge Durchbiegung, für eine zulässige Durchbiegung von

zul $f = \dfrac{\ell}{200}$ und $E = 10^6$ N/cm²

erf $I = 0,208 \cdot (M_1 + M_2) \cdot \ell_1$

$= 0,208 \cdot (1.425 + 1.600) \cdot 5,00$

$= 3.146$ cm⁴

Querschnitt **6/20 cm**

mit $I_y = 4.000$ cm⁴, $W_y = 400$ cm³

Biegespannungen

$\sigma_1 = \dfrac{M_1}{W_y} = \dfrac{142.500}{400} \qquad = 356$ N/cm² < 1.000 N/cm²

$\sigma_2 = \dfrac{M_1 + M_2}{W_y} = \dfrac{142.500 + 160.000}{400} = 756$ N/cm² $< 1,25 \cdot 1.000$ N/cm²

61. Sparren als Durchlaufträger über 2 Felder

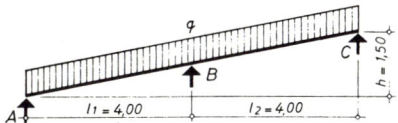

Gegeben: Stützweite im Grundriß ℓ = 2 x 4,00 m
Höhe h = 1,50 m
Sparrenabstand e = 1,00 m
Dachdeckung: Pappdach auf Schalung

Gesucht: Sparrenquerschnitt

Dachneigung $\tan \alpha = \dfrac{1{,}50}{8{,}00} = 0{,}188$, $\alpha = 10{,}6°$

Sparrenlänge $\ell_s = \dfrac{\ell}{\cos \alpha} = \dfrac{4{,}00}{0{,}983} = 4{,}07$ m

Lasten

Dachdeckung + Schalung + Sparren g = 500 N/m² Grdfl.
Schneelast s = 750 N/m² Grdfl.
q = 1.250 N/m² Grdfl.

Biegemoment über dem Mittelauflager

$M_B = 0{,}125 \cdot q \cdot e \cdot \ell^2$
$= -\ 0{,}125 \cdot 1.250 \cdot 1{,}00 \cdot 4{,}00^2$
$= -\ 2.500$ Nm $= -\ 250.000$ Ncm

erforderliches Trägheitsmoment infolge Durchbiegung für eine zulässige Durchbiegung von

zul f $= \dfrac{\ell}{200}$ und E = 10^6 N/cm²

erf I $= 0{,}0835 \cdot M_B \cdot \ell_s$
$= 0{,}0835 \cdot 2.500 \cdot 4{,}07$
$= 850$ cm⁴

Querschnitt **7/14 cm**

mit $I_y = 1.601$ cm⁴, $W_y = 229$ cm³

Biegespannung

$\sigma_B = \dfrac{M_B}{W_y} = \dfrac{250.000}{229} = 1.092$ N/cm² $< 1{,}1 \cdot 1.000 = 1.100$ N/cm²

62. Sparren als Koppelträger über 2 Felder

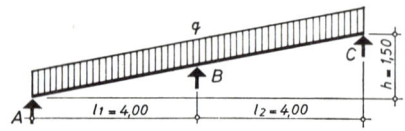

Gegeben: Stützweite im Grundriß ℓ = 2 x 4,00 m
Höhe   h =   1,50 m
Sparrenabstand   e =   1,00 m
Dachdeckung: Pappdach auf Schalung

Gesucht: Sparrenquerschnitt und Koppelanschluß

Dachneigung $\tan \alpha = \dfrac{1,50}{8,00} = 0,188$, $\alpha = 10,6°$

Sparrenlänge $s = \dfrac{\ell}{\cos \alpha} = \dfrac{4,00}{0,983} = 4,07$ m

Lasten

Dachdeckung + Schalung + Sparren g = 500 N/m² Grdfl.

Schneelast   s = 750 N/m² Grdfl.

                                  q = 1.250 N/m² Grdfl.

Biegemomente

im Feld

M_1 = + 0,0703 · q · e · ℓ^2

   = + 0,0703 · 1.250 · 1,00 · 4,00²

   = + 1.406 Nm = + 140.600 Ncm

über dem Mittelauflager

M_B = — 0,125 · q · e · ℓ^2

   = — 0,125 · 1.250 · 1,00 · 4,00²

   = — 2.500 Nm = — 250.000 Ncm

erforderliches Trägheitsmoment im Feld infolge Durchbiegung für eine zulässige Durchbiegung von

zul f = ℓ/200 und E = 10^6 N/cm²

erf I $= 0{,}148 \cdot M_1 \cdot \ell_s$ oder: erf I $= 0{,}0835 \cdot M_B \cdot \ell_s$

$\phantom{\text{erf I }} = 0{,}148 \cdot 1.406 \cdot 4{,}07$ $\phantom{\text{oder: erf I }} = 0{,}0835 \cdot 2.500 \cdot 4{,}07$

$\phantom{\text{erf I }} = 850 \text{ cm}^4$ $\phantom{\text{oder: erf I }} = 850 \text{ cm}^4$

Querschnitt **6/12 cm**

mit $I_y = 864 \text{ cm}^4$, $W_y = 144 \text{ cm}^3$

Biegespannungen

in den Feldern

$$\sigma_1 = \frac{M_1}{W_y} = \frac{140.600}{144} = 976 \text{ N/cm}^2 < 1.000 \text{ N/cm}^2$$

über dem Mittelauflager

$$\sigma_B = \frac{M_B}{2 \cdot W_y} = \frac{250.000}{2 \cdot 144} = 868 \text{ N/cm}^2 < 1{,}1 \cdot 1.000 \text{ N/cm}^2$$

Überkopplungslängen

$a = 0{,}10 \cdot \ell_s = 0{,}10 \cdot 4{,}07 = 0{,}41 \text{ m}$

Koppelkraft

$F = 0{,}55 \cdot q \cdot e \cdot \ell$

$ = 0{,}55 \cdot 1.250 \cdot 1{,}00 \cdot 4{,}00$

$ = 2.750 \text{ N}$

Anschluß mit Nägeln **42/110**

erforderlich sind

$$n = \frac{F}{\text{zul } F_N} = \frac{2.750}{625} = 5 \text{ Nägel}$$

63. Sparren als Koppelträger über 2 Felder

Gegeben: Stützweite im Grundriß $\ell = 2 \times 3{,}00 \text{ m}$
           Höhe $h = 5{,}00 \text{ m}$
           Sparrenabstand $e = 0{,}90 \text{ m}$
           Dachdeckung: Doppeldach aus Biberschwänzen

             zul σ_B für Lastfall H   (Hauptlasten): zul $\sigma^H = 1.000 \text{ N/cm}^2$

                 für Lastfall HZ (Hauptlasten + Zusatzlasten z. B. Wind):
             zul $\sigma^{HZ} = 1{,}25 \cdot 1.000 \text{ N/cm}^2$

Gesucht: Sparrenquerschnitt und Koppelanschluß

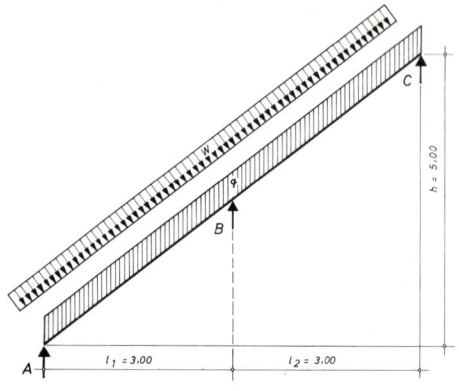

Dachneigung $\tan \alpha = \dfrac{5{,}00}{6{,}00} = 0{,}833, \quad \alpha = 39{,}8°$

Sparrenlänge $\ell_s = \dfrac{\ell}{\cos \alpha} = \dfrac{3{,}00}{0{,}768} = 3{,}90 \text{ m}$

Lasten:

Dachdeckung + Sparren: $= \dfrac{950}{\cos \alpha} =$ $\quad$ g $= 1.237 \text{ N/m}^2$ Grdfl.

Schneelast DIN 1055, Teil 5: $0{,}75 \cdot 750$ $\quad$ s $= \underline{563 \text{ N/m}^2 \text{ Grdfl.}}$

 q $= 1.800 \text{ N/m}^2$ Grdfl.

Windlast $0{,}6 \cdot 800$ $\quad\quad\quad\quad\quad\quad$ w $= 480 \text{ N/m}^2$ Dachfl.

Biegemomente aus q (H)

im Feld

$\quad M_1 = +\, 0{,}0703 \cdot q \cdot e \cdot \ell^2$

$\quad\quad\; = +\, 0{,}0703 \cdot 1.800 \cdot 0{,}90 \cdot 3{,}00^2$

$\quad\quad\; = +\, 1.025 \text{ Nm} = 102.500 \text{ Ncm}$

über dem Mittellauflager (H)

$\quad M_B = -\, 0{,}125 \cdot q \cdot e \cdot \ell^2$

$\quad\quad\; = -\, 0{,}125 \cdot 1.800 \cdot 0{,}90 \cdot 3{,}00^2$

$\quad\quad\; = -\, 1.823 \text{ Nm} = 182.300 \text{ Ncm}$

Biegemomente aus w (Z)

im Feld

$\quad M_{w1} = +\, 0{,}0703 \cdot w \cdot e \cdot \ell_s^2$

$\quad\quad\quad = +\, 0{,}0703 \cdot 480 \cdot 0{,}90 \cdot 3{,}90^2$

$\quad\quad\quad = +\, 462 \text{ Nm} = 46.200 \text{ Ncm}$

über dem Mittelauflager

$$M_{wB} = -0.125 \cdot w \cdot e \cdot \ell_s^2$$

$$= -0.125 \cdot 480 \cdot 0.90 \cdot 3.90^2$$

$$= -821\,Nm = -82.100\,Ncm$$

erforderliches Trägheitsmoment infolge Durchbiegung für eine zulässige Durchbiegung von

$$\text{zul } f = \frac{\ell_s}{200} \text{ und } E = 10^6 \text{ N/cm}^2$$

$$\text{erf } I = 0.148 \cdot \Sigma M_1 \cdot \ell_s$$

$$= 0.148\,(1.025 + 462) \cdot 3.90$$

$$= 858 \text{ cm}^4$$

Querschnitt **7/12 cm**

mit $I_y = 1.008 \text{ cm}^4$, $W_y = 168 \text{ cm}^3$

Biegespannungen

in den Feldern

$$\sigma_1 = \frac{M_1}{W_y} = \frac{102.500}{168} = 610 \text{ N/cm}^2 < 1.000 \text{ N/cm}^2$$

$$\sigma_2 = \frac{M_1 + M_{w1}}{W_x} = \frac{102.500 + 46.200}{168} = 885 \text{ N/cm}^2 < 1.25 \cdot 1.000 \text{ N/cm}^2$$

über dem Mittelauflager

Schwächung durch Sparrenklaue, vorhanden

2 x 7/10 cm $W_y = 2 \cdot 117 = 234 \text{ cm}^3$

$$\sigma_{B_1} = \frac{M_B}{W_y} = \frac{182.300}{234} = 779 \text{ N/cm}^2 < 1.000 \cdot 1.1 = 1.100 \text{ N/cm}^2$$

$$\sigma_{B_2} = \frac{M_B + M_{wB}}{W_y} = \frac{182.300 + 82.100}{234} = 1.130 \text{ N/cm}^2$$

zul $\sigma_B = 1.000 \cdot 1.1 \cdot 1.25 = 1.375 \text{ N/cm}^2$

Überkopplungslängen

a = $0.10 \cdot \ell_s = 0.10 \cdot 3.90 = $ **0,39 m**

Koppelkraft

$F = 0{,}55 \cdot (q + w) \cdot e \cdot \ell$
$ = 0{,}55 \cdot (1800 + 480) \cdot 0{,}90 \cdot 3{,}00$
$ = 3.386\ N$

Anschluß mit Nägeln **46/130**

erforderlich sind

$n = \dfrac{F}{zul\ F_{Na}} = \dfrac{3.386}{725} = 5$ Nägel

64. Pfettensparren aus Rundholz

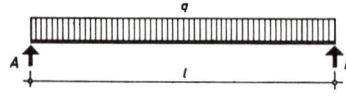

Gegeben: Stützweite $\ell = 5{,}00$ m
Last $\quad q = 1.400\ N/m$
Gesucht: Rundholzquerschnitt

Biegemoment

$\max M = 0{,}125 \cdot q \cdot \ell^2$
$ = 0{,}125 \cdot 1.400 \cdot 5{,}00^2$
$ = 4.375\ Nm = 437.500\ Ncm$

erforderliches Trägheitsmoment infolge Durchbiegung bei einer zulässigen Durchbiegung von

$zul\ f = \dfrac{\ell}{200}$ und $E = 10^6\ N/cm^2$

$I = 0{,}208 \cdot M \cdot \ell$, M in Nm ℓ in m
$I = 0{,}208 \cdot 4.370 \cdot 5{,}00$
$ = 4.545\ cm^4$

Querschnitt ⌀ **18 cm**

mit $I = 5.153\ cm^4$, $W = 573\ cm^3$

Biegespannung

$\sigma = \dfrac{M}{W} = \dfrac{437.500}{573} = 764\ N/cm^2 < 1{,}2 \cdot 1.000\ N/cm^2$

65. Pfettensparren

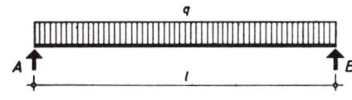

Gegeben: Stützweite $\ell = 5{,}00$ m
Dachneigung $\alpha = 15°$
Last $q = 1.400$ N/m

Gesucht: Pfettensparrenquerschnitt

$q_z = q \cdot \cos \alpha$
$\quad = 1.400 \cdot 0{,}966 = 1.352$ N/m

$q_y = q \cdot \sin \alpha$
$\quad = 1.400 \cdot 0{,}259 = 362$ N/m

Biegemomente

$M_y = 0{,}125 \cdot q_z \cdot \ell^2$
$\quad = 0{,}125 \cdot 1352 \cdot 5{,}00^2$
$\quad = 4.225$ Nm $= 422.500$ Ncm

$M_z = 0{,}125 \cdot q_y \cdot \ell^2$
$\quad = 0{,}125 \cdot 362 \cdot 5{,}00^2$
$\quad = 1.131$ Nm $= 113.100$ Ncm

geschätzte Widerstandsmomente

$_{erf}W_y = \dfrac{M_y + 0{,}14 \cdot M_z}{zul\ \sigma_B}$

$\quad = \dfrac{422.500 + 0{,}14 \cdot 113.100}{1.000}$

$\quad = 438$ cm^3

$_{erf}W_z = \dfrac{_{erf}W_y}{1{,}4} = \dfrac{438}{1{,}4} = 313$ cm^3

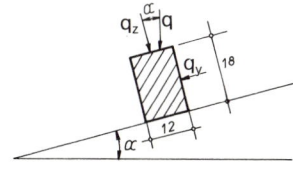

Querschnitt **12/18 cm**

mit $I_y = 5.832$ cm^4, $I_z = 2.592$ cm^4
$W_y = 648$ cm^3, $W_z = 432$ cm^3

Biegespannung

$\sigma = \dfrac{M_y}{W_y} + \dfrac{M_z}{W_z}$

$\quad = \dfrac{422.500}{648} + \dfrac{113.100}{432}$

$\quad = 652 + 261 = 913$ N/cm^2 < 1.000 N/cm^2

rechnerische Durchbiegung

$$f = 0{,}104 \cdot \frac{M \cdot \ell^2}{I}, \quad M \text{ in Nm}, \ \ell \text{ in m}$$

$$f_z = 0{,}104 \cdot \frac{4.225 \cdot 5{,}00^2}{5.832} = 1{,}88 \text{ cm}$$

$$f_y = 0{,}104 \cdot \frac{1.131 \cdot 5{,}00^2}{2.592} = 1{,}13 \text{ cm}$$

$$\max f = \sqrt{f_y^2 + f_z^2}$$

$$= \sqrt{1{,}88^2 + 1{,}13^2}$$

$$= 2{,}20 \text{ cm} < \text{zul } f = \frac{500}{200} = 2{,}50 \text{ cm}$$

66. Pfettensparren als Durchlaufträger über 2 Felder

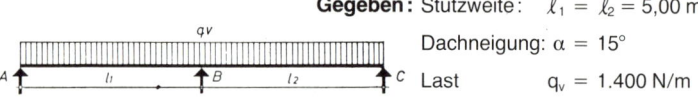

Gegeben: Stützweite: $\ell_1 = \ell_2 = 5{,}00$ m

Dachneigung: $\alpha = 15°$

Last $\qquad q_v = 1.400$ N/m

Gesucht: Pfettensparrenquerschnitt

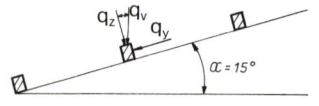

$q_z = q_v \cdot \cos \alpha$

$\quad = 1.400 \cdot 0{,}966 = 1.352$ N/m

$q_y = q_v \cdot \sin \alpha$

$\quad = 1.400 \cdot 0{,}259 = 362$ N/m

Biegemomente über dem Mittellauflager

$M_y = -\ 0{,}125 \cdot q_z \cdot \ell^2$

$\quad = -\ 0{,}125 \cdot 1.352 \cdot 5{,}00^2$

$\quad = -\ 4.225$ Nm $= -\ 422.500$ Ncm

$M_z = -\ 0{,}125 \cdot q_y \cdot \ell^2$

$\quad = -\ 0{,}125 \cdot 362 \cdot 5{,}00^2$

$\quad = -\ 1.131$ Nm $= -\ 113.100$ Ncm

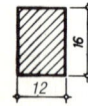

Querschnitt **12/16 cm**

mit $I_y = 4.096$ cm^4, $\quad I_z = 2.304$ cm^4

$W_y = \ \ 512$ cm^3, $\quad W_z = \ \ 384$ cm^3

Biegespannung

$$\sigma_B = \frac{M_y}{W_y} + \frac{M_z}{W_z}$$

$$= \frac{422.500}{512} + \frac{113.100}{384}$$

$$= 825 + 295 = 1.120 \text{ N/cm}^2 \approx \text{zul } \sigma_B = 1.100 \text{ N/cm}^2$$

rechnerische Durchbiegung

$$f = 0{,}043 \cdot \frac{M_B \cdot \ell^2}{I} \qquad M \text{ in Nm, } \ell \text{ in m}$$

$$f_z = 0{,}043 \cdot \frac{4.225 \cdot 5{,}00^2}{4.096} = 1{,}11 \text{ cm}$$

$$f_y = 0{,}043 \cdot \frac{1.131 \cdot 5{,}00^2}{2.304} = 0{,}53 \text{ cm}$$

$$\max f = \sqrt{f_y^2 + f_z^2}$$

$$= \sqrt{1{,}11^2 + 0{,}53^2}$$

$$= 1{,}23 \text{ cm} < \text{zul } f = \frac{500}{200} = 2{,}50 \text{ cm}$$

67. Pfettensparren als Koppelträger über 2 Felder

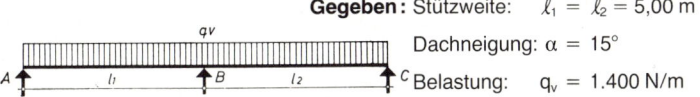

Gegeben: Stützweite: $\ell_1 = \ell_2 = 5{,}00$ m

Dachneigung: $\alpha = 15°$

Belastung: $q_v = 1.400$ N/m

Gesucht: Pfettensparrenquerschnitt und Koppelanschlüsse

$q_z = q_v \cdot \cos \alpha$

$ = 1.400 \cdot 0{,}966 = 1.352$ N/m

$q_y = q_v \cdot \sin \alpha$

$ = 1.400 \cdot 0{,}259 = 362$ N/m

Biegemomente

$M_1 = +0{,}0703 \cdot q \cdot \ell^2$

$M_{1y} = +0{,}0703 \cdot 1.352 \cdot 5{,}00^2$

$\phantom{M_{1y}} = +2376$ Nm

$M_{1z} = +0{,}0703 \cdot 362 \cdot 5{,}00^2$

$\phantom{M_{1z}} = +636$ Nm

$$M_B = -0,125 \cdot q \cdot \ell^2$$

$$M_{By} = -0,125 \cdot 1.352 \cdot 5,00^2$$

$$= -4.225 \text{ Nm}$$

$$M_{Bz} = -0,125 \cdot 362 \cdot 5,00^2$$

$$= -1.131 \text{ Nm}$$

Querschnitt **9/16 cm**

$$I_y = 3.072 \text{ cm}^4, \quad I_z = 972 \text{ cm}^4$$

$$W_y = 384 \text{ cm}^3, \quad W_z = 216 \text{ cm}^3$$

die rechnerische Durchbiegung ist gering

Biegespannungen
in den Feldern

$$\sigma = \frac{M_{1y}}{W_y} + \frac{M_{1z}}{W_z}$$

$$= \frac{237.600}{384} + \frac{63.600}{216}$$

$$= 619 + 294 = 913 \text{ N/cm}^2 < 1.000 \text{ N/cm}^2$$

über dem Mittelauflager

$$\sigma_B = \frac{M_{By}}{2W_y} + \frac{M_{Bz}}{2W_z}$$

$$= \frac{422.500}{2 \cdot 384} + \frac{113.100}{2 \cdot 216}$$

$$= 550 + 261 = 812 \text{ N/cm}^2 < 1.100 \text{ N/cm}^2$$

Überkopplungslängen

$$a = 0,10 \cdot \ell = 0,10 \cdot 5,00 = 0,50 \text{ m}$$

Koppelkräfte

$$F = 0,55 \cdot q \cdot \ell$$

$$F_y = 0,55 \cdot 1.352 \cdot 5,00 = 3.718 \text{ N}$$

$$F_z = 0,55 \cdot 362 \cdot 5,00 = 996 \text{ N}$$

Anschluß mit Nägeln 60/180

ein Nagel trägt auf Abscheren $_{zul} F_{Na} = 1.120 \text{ N}$

auf Herausziehen $_{zul} Z = 80 \cdot 9/2 = 360 \text{ N}$

erforderlich sind

$$\frac{F_y}{zul\ F_{Na}} = \frac{3.718}{1.120} = 4\ \text{Nägel}$$

$$\frac{F_z}{zul\ Z} = \frac{996}{360} = 4\ \text{Nägel}$$

68. Pfettensparren als Koppelträger über 5 Felder

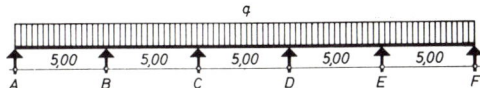

Gegeben: Stützweite ℓ_1 bis $\ell_5 = 5{,}00$ m
Dachneigung: $\alpha = 15°$
Last: $q_v = 1.400$ N/m

Gesucht: Pfettensparrenquerschnitt und Koppelanschlüsse

$q_z = q_v \cdot \cos \alpha$
$\quad = 1.400 \cdot 0{,}966 = 1.352$ N/m

$q_y = q_v \cdot \sin \alpha$
$\quad = 1.400 \cdot 0{,}259 = 362$ N/m

Feldmomente

$M_1 = M_5 = +\ 0{,}0779 \cdot q \cdot \ell^2$
$M_{1y} = M_{5y} = +\ 0{,}0779 \cdot 1352 \cdot 5{,}00^2 = +\ 2.633$ Nm
$M_{1z} = M_{5z} = +\ 0{,}0779 \cdot 362 \cdot 5{,}00^2 = +\ 705$ Nm
$M_2 = M_4 = +\ 0{,}0332 \cdot q \cdot \ell^2$
$M_{2y} = M_{4y} = +\ 0{,}0332 \cdot 1352 \cdot 5{,}00^2 = +\ 1.122$ Nm
$M_{2z} = M_{4z} = +\ 0{,}0332 \cdot 362 \cdot 5{,}00^2 = +\ 300$ Nm
$M_3 = +\ 0{,}0461 \cdot q \cdot \ell^2$
$M_{3y} \phantom{= M_{4y}} = +\ 0{,}0461 \cdot 1352 \cdot 5{,}00^2 = +\ 1.558$ Nm
$M_{3z} \phantom{= M_{4z}} = +\ 0{,}0461 \cdot 362 \cdot 5{,}00^2 = +\ 417$ Nm

Stützenmomente

Bei Koppelträgern spielen die Stützenmomente bei der Bemessung keine Rolle, da über jede Mittelstütze 2 Querschnitte vorhanden sind, die Stützenmomente kleiner als die Summe der anschließenden Feldmomente sind und die zulässige Biegespannung über den Stützen 1.100 N/cm² beträgt.

Bemessung

Felder 1 und 5

Querschnitt **9/16 cm**

$$\text{mit } I_y = 3.072 \text{ cm}^4, \quad I_z = 972 \text{ cm}^4$$
$$W_y = 384 \text{ cm}^3, \quad W_z = 216 \text{ cm}^3$$

Biegespannung

$$\sigma = \frac{M_y}{W_y} + \frac{M_z}{W_z}$$

$$= \frac{263.300}{384} + \frac{70.500}{216}$$

$$= 686 + 326 = 1.012 \text{ N/cm}^2 \approx 1.000 \text{ N/cm}^2$$

Felder 2 und 4

Querschnitt **5/16 cm**

$$\text{mit } I_y = 1.707 \text{ cm}^4, \quad I_z = 167 \text{ cm}^4$$
$$W_y = 213 \text{ cm}^3, \quad W_z = 66,7 \text{ cm}^3$$

Biegespannung

$$\sigma = \frac{112.200}{213} + \frac{30.000}{66,7}$$

$$= 527 + 450 = 977 \text{ N/cm}^2 < 1.000 \text{ N/cm}^2$$

Feld 3

Querschnitt **7/16 cm**

$$\text{mit } I_y = 2.385 \text{ cm}^4, \quad I_z = 457 \text{ cm}^4$$
$$W_y = 299 \text{ cm}^3, \quad W_z = 131 \text{ cm}^3$$

$$\sigma = \frac{155.800}{299} + \frac{41.700}{131}$$

$$= 521 + 318 = 840 \text{ N/cm}^2 < 1.000 \text{ N/cm}^2$$

Durchbiegung

Felder 1 und 5

$$f = 0,0064 \cdot \frac{q \cdot \ell^4}{I}, \quad q \text{ in N/m}, \quad \ell \text{ in m}$$

$$f_z = 0,0064 \cdot \frac{1.352 \cdot 5,00^4}{3.072} = 1,76 \text{ cm}$$

$$f_y = 0,0064 \cdot \frac{362 \cdot 5,00^4}{972} = 1,49 \text{ cm}$$

$$\max f = \sqrt{f_y^2 + f_z^2}$$
$$= \sqrt{1{,}76^2 + 1{,}49^2}$$
$$= 2{,}31 \text{ cm} < {}_{zul} f = \frac{500}{200} = 2{,}50 \text{ cm}$$

Felder 2 und 4

$$f_z = 0{,}0015 \cdot \frac{1.352 \cdot 5{,}00^4}{1.707} = 0{,}74 \text{ cm}$$

$$f_y = 0{,}0015 \cdot \frac{362 \cdot 5{,}00^4}{167} = 2{,}03 \text{ cm}$$

$$\max f = \sqrt{0{,}74^2 + 2{,}03^2}$$
$$= 2{,}16 \text{ cm} < 2{,}50 \text{ cm}$$

Feld 3

$$f_z = 0{,}0032 \cdot \frac{1.352 \cdot 5{,}00^4}{2.385} = 1{,}13 \text{ cm}$$

$$f_y = 0{,}0032 \cdot \frac{362 \cdot 5{,}00^4}{457} = 1{,}58 \text{ cm}$$

$$\max f = \sqrt{1{,}13^2 + 1{,}58^2}$$
$$= 1{,}94 \text{ cm} < 2{,}50 \text{ cm}$$

Überkopplungslängen

Feld 1 in Feld 2 und Feld 5 in Feld 4

$$a_1 = 0{,}17 \cdot \ell = 0{,}17 \cdot 5{,}00 = 0{,}85 \text{ m}$$

alle übrigen Felder

$$a_2 = 0{,}10 \cdot \ell = 0{,}10 \cdot 5{,}00 = 0{,}50 \text{ m}$$

Koppelkräfte

$$F = 0{,}44 \cdot q \cdot \ell$$
$$F_y = 0{,}44 \cdot 1.352 \cdot 5{,}00 = 2.974 \text{ N}$$
$$F_z = 0{,}44 \cdot 362 \cdot 5{,}00 = 796 \text{ N}$$

Anschluß mit Nägeln 42/110

Einschlagtiefe in das 2. Holz = 11 — 5 = 6 cm
ein Nagel trägt auf Abscheren $_{zul} F_{Na} = 625$ N

auf Herausziehen

$$_{zul} Z_{Na} = \ell_n \cdot d_n \cdot 130/2 = 6 \cdot 0{,}42 \cdot 130/2 = 164 \text{ N}$$

erforderlich sind

$$\frac{F_y}{\text{zul } F_{Na}} = \frac{2.974}{625} = 5 \text{ Nägel}$$

$$\frac{F_z}{\text{zul } F_{Na}} = \frac{796}{164} = 5 \text{ Nägel}$$

69. Pfettensparren als Durchlaufträger über 2 Felder

mit Stoßlaschen

Gegeben: $\ell_1 = \ell_2 = 5,00$ m

Anschlußlänge von Mitte zu Mitte Nagelgruppe
a = 0,10 · 5,00 = 0,50 m
Last: q = 1.400 N/m

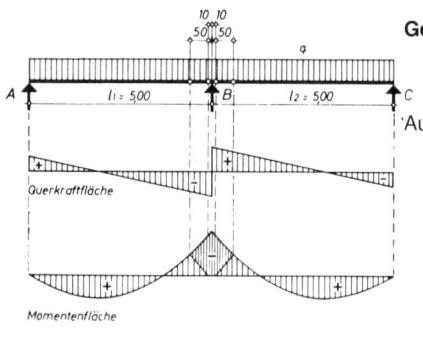

Gesucht: Pfettenquerschnitt
Laschenquerschnitt
Anschlüsse

Auflagerkräfte

$A = C = 0{,}375 \cdot q \cdot \ell$
$ = 0{,}375 \cdot 1.400 \cdot 5{,}00$
$ = 2.625$ N

$B = 1{,}25 \cdot q \cdot \ell$
$ = 1{,}25 \cdot 1400 \cdot 5{,}00$
$ = 8.750$ N

Biegemomente

$M_1 = M_2 = + 0{,}0703 \cdot q \cdot \ell^2$
$ = + 0{,}0703 \cdot 1.400 \cdot 5{,}00^2$
$ = + 2.461$ Nm

$M_B = -0{,}1250 \cdot q \cdot \ell^2$
$ = -0{,}1250 \cdot 1.400 \cdot 5{,}00^2$
$ = -4.375$ Nm

Anschlußkräfte am Laschenende

$F = 2.625 \cdot 4{,}90 = + 12.863$
$ - 1.400 \cdot 4{,}90^2 \cdot 0{,}5 = -16.807$
$ -3.944 : 0{,}50 = -7.888$ N

die übrigen Anschlußkräfte sind geringer

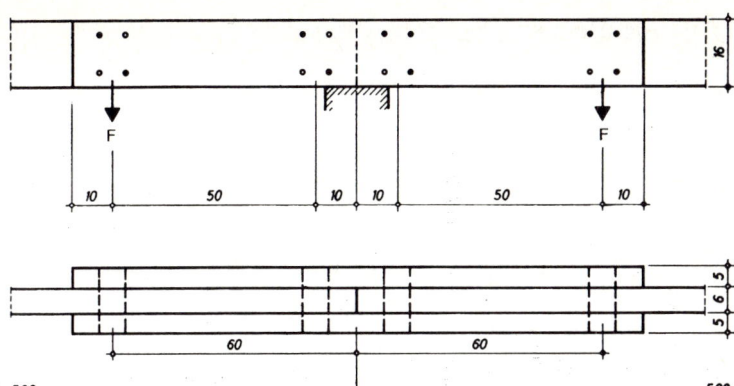

Bemessung

Pfetten

Querschnitt **6/16 cm**

mit $I_y = 2.044$ cm^4, $W_y = 256$ cm^3

$$\sigma = \frac{M}{W} = \frac{246.100}{256} = 961 \text{ N/m}^2 < 1.000 \text{ N/cm}^2$$

Laschen

Querschnitt **2 × 5/16 cm**

mit $W_y = 427$ cm^3

$$\sigma_B = \frac{M}{W} = \frac{437.500}{427} = 1.025 \text{ N/cm}^2 < 1.100 \text{ N/cm}^2$$

Anschluß der Laschen an die Pfetten

Nägel **55/160** mit zul $F_{Na} = 2 \cdot 975 = 1.950$ N (zweischnittig)

$$\frac{7.888}{1.950} = 4 \text{ Nägel}$$

rechnerische Durchbiegung

$$f = \frac{0{,}0054 \cdot q \cdot \ell^4}{I}$$

$$= \frac{0{,}0054 \cdot 1.400 \cdot 5{,}00^4}{2044}$$

$$= 2{,}31 \text{ cm}$$

$$\text{zul } f = \frac{\ell}{200} = \frac{500}{200} = 2{,}50 \text{ cm}$$

70. Pfettensparren als Durchlaufträger über 5 Felder

mit Stoßlaschen

Gegeben: ℓ_1 bis $\ell_5 = 5,00$ m
Anschlußlängen von Mitte zu Mitte Nagelgruppe
a = 0,10 · 5,00 = 0,50 m
b = 0,17 · 5,00 = 0,85
Last   q = 1.400 N/m

Gesucht: Pfettenquerschnitte
Laschenquerschnitte
Anschlüsse

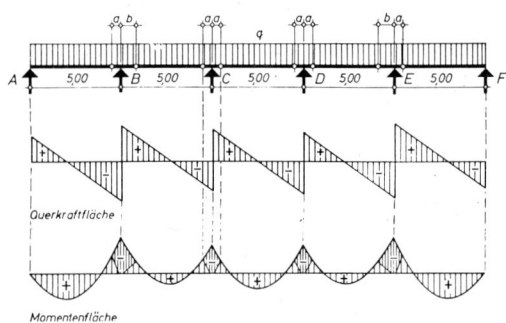

Auflagerkräfte

$A = F = 0,395 \cdot q \cdot \ell$
$\quad = 0,395 \cdot 1400 \cdot 5,00$
$\quad = 2.765$ N

$B = E = 1,132 \cdot q \cdot \ell$
$\quad = 1,132 \cdot 1400 \cdot 5,00$
$\quad = 7.924$ N

$C = D = 0,974 \cdot q \cdot \ell$
$\quad = 0,974 \cdot 1.400 \cdot 5,00$
$\quad = 6.818$ N

Biegemomente

$M_1 = M_5 = +0,0779 \cdot q \cdot \ell^2$
$\quad = +0,0779 \cdot 1.400 \cdot 5,00^2$
$\quad = +2.727$ Nm

$M_2 = M_4 = + 0{,}0332 \cdot q \cdot \ell^2$
$= + 0{,}0332 \cdot 1.400 \cdot 5{,}00^2$
$= + 1.162 \text{ Nm}$

$M_3 \quad = + 0{,}0461 \cdot q \cdot \ell^2$
$= + 0{,}0461 \cdot 1.400 \cdot 5{,}00^2$
$= + 1.614 \text{ Nm}$

$M_B = M_E = - 0{,}1053 \cdot q \cdot \ell^2$
$= - 0{,}1053 \cdot 1.400 \cdot 5{,}00^2$
$= - 3.686 \text{ Nm}$

$M_C = M_D = - 0{,}0789 \cdot q \cdot \ell^2$
$= - 0{,}0789 \cdot 1.400 \cdot 5{,}00^2$
$= - 2.762 \text{ Nm}$

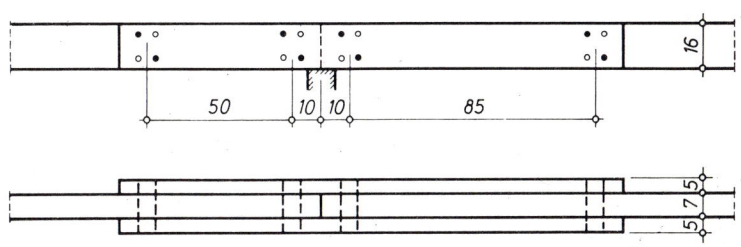

Größte Anschlußkraft F am Laschenende im Feld 1

$F = 2.765 \cdot 4{,}90 \quad = + 13.549 \text{ N}$

$\quad - 1.400 \cdot 4{,}90^2 \cdot 0{,}5 = - 16.807 \text{ N}$

$\quad\quad\quad\quad\quad\quad\quad\quad - 3.258 \text{ N} : 0{,}50 = 6.516 \text{ N}$

die übrigen Anschlußkräfte sind geringer

Bemessung

Pfetten

im Feld 1 und 5

Querschnitt **7/16**

mit $I_y = 2.385 \text{ cm}^4$, $W_y = 299 \text{ cm}^3$

$\sigma = \dfrac{M}{W} = \dfrac{276.500}{299} = 925 \text{ N/cm}^2 < 1.000 \text{ N/cm}^2$

im Feld 2, 3 und 4

Querschnitt **7/12 cm**

mit $W_y = 168 \text{ cm}^3$

$$\sigma = \frac{M}{W} = \frac{161.400}{168} = 961 \text{ N/cm}^2 < 1.000 \text{ N/cm}^2$$

Laschen

Querschnitt **2 × 5/16 cm**

mit $W_y = 427 \text{ cm}^3$

$$\sigma_B = \frac{M}{W} = \frac{368.600}{427} = 863 \text{ N/cm} < 1.100 \text{ N/cm}^2$$

Anschluß der Laschen an die Pfetten

Nägel **55/160**

Tragfähigkeit eines Nagels

in der ersten Scherfläche   = 975 N

in der zweiten Scherfläche = $975 \cdot \dfrac{4}{8 \cdot 0{,}55}$ = 886 N
                                                                    ─────
                                                                    1.861 N

$$n = \frac{6.516}{1.861} = 4 \text{ Nägel}$$

rechnerische Durchbiegung in den Endfeldern

$$f = \frac{0{,}0065 \cdot q \cdot \ell^4}{I}$$

$$= \frac{0{,}0065 \cdot 1.400 \cdot 5{,}00^4}{2385}$$

$$= 2{,}38 \text{ cm}$$

$$\text{zul } f = \frac{\ell}{200} = \frac{500}{200} = 2{,}50 \text{ cm}$$

71. Gelenkpfette über 5 Felder

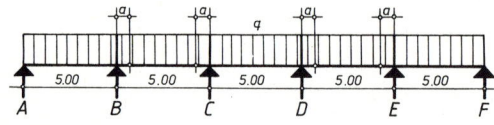

Gegeben: Stützweiten ℓ_1 bis ℓ_5 = 5,00 m

Gelenkabstände

a = 0,1465 · ℓ = 0,1465 · 5,00 = 0,73 m

Last   q = 5.000 N/m

Gesucht: Plattenquerschnitte und Anschlüsse

Biegemomente

$$M_1 = + 0{,}0957 \cdot q \cdot \ell^2$$
$$= + 0{,}0957 \cdot 5.000 \cdot 5{,}00^2$$
$$= + 11.963 \text{ Nm}$$

alle übrigen Feld- und Stützenmomente

$$M = \pm 0{,}0625 \cdot q \cdot \ell^2$$
$$= \pm 0{,}0625 \cdot 5.000 \cdot 5{,}00^2$$
$$= \pm 7.813 \text{ Nm}$$

erforderliche Trägheitsmomente infolge Durchbiegung bei einer zulässigen Durchbiegung von

$$\text{zul } f = \frac{\ell}{200} \text{ und } E = 10^6 \text{ N/cm}^2$$

im Feld 1

$$\text{erf } I = 0{,}179 \cdot M_1 \cdot \ell, \quad M \text{ in Nm } \ell \text{ in m}$$
$$= 0{,}179 \cdot 11.963 \cdot 5{,}00 = 10.707 \text{ cm}^4$$

im Feld 3

$$\text{erf } I = 0{,}166 \cdot M_3 \cdot \ell$$
$$= 0{,}166 \cdot 7.813 \cdot 5{,}00 = 6.480 \text{ cm}^4$$

Bemessung
Felder 1 und 5
Querschnitt **13/24 cm**

$$\text{mit } I_y = 14.976 \text{ cm}^4, \quad W_y = 1.248 \text{ cm}^3$$

Biegespannung

$$\sigma = \frac{M_1}{W_y} = \frac{1.196.300}{1.248} = 959 \text{ N/cm}^2 < 1.000 \text{ N/cm}^2$$

Felder 2, 3 und 4
Querschnitt **13/20 cm**

$$\text{mit } I_y = 8.667 \text{ cm}^4, \quad W_y = 867 \text{ cm}^3$$

Biegespannung

$$\sigma = \frac{M}{W_y} = \frac{781.300}{867} = 901 \text{ N/cm}^2 < 1.000 \text{ N/cm}^2$$

Gelenk

$$F = q \cdot \left(\frac{\ell}{2} - a\right)$$

$$= 5.000 \cdot (2{,}50 - 0{,}73)$$

$$= 8.850 \text{ N (Zug)}$$

Zugbolzen M 12 mit zul $Z_{Bo} = 9.300$ N

U-Scheibe 70/70/10 mm mit $A_n = 47$ cm²

$$\sigma \perp = \frac{F}{A_n} = \frac{8.550}{47} = 182 \text{ N/cm}^2 < 200 \text{ N/cm}^2$$

Schubspannung

$$\tau = 1{,}5 \cdot \frac{F}{b \cdot h/2} \qquad b = 13 \text{ cm} \qquad h/2 = 12 \text{ cm}$$

$$\tau = 1{,}5 \cdot \frac{8.550}{13 \cdot 12} = 82 \text{ N/cm}^2 < 90 \text{ N/cm}^2$$

72. Pfette mit Kragarm

mit gleichmäßig verteilter Last

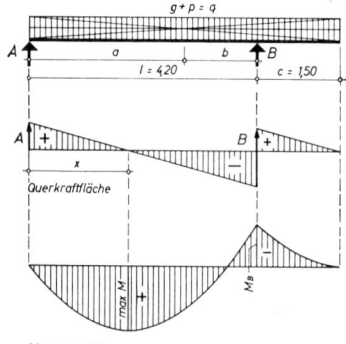

Querkraftfläche

Momentenfläche

Gegeben: Stützweite $\ell = 4{,}20$ m

Kragarm $c = 1{,}50$ m

Last $q = 4.000$ N/m

Gesucht: Pfettenquerschnitt

Auflagerkräfte

$$A = \frac{q \cdot (\ell + c) \cdot b}{\ell}$$

b = Abstand des Schwerpunktes der Last von B

$$b = \ell - \frac{\ell + c}{2} = 4{,}20 - \frac{4{,}20 + 1{,}50}{2} = 1{,}35 \text{ m}$$

$$A = \frac{4.000 \cdot 5{,}70 \cdot 1{,}35}{4{,}20} = 7.329 \text{ N}$$

$$B = \frac{q \cdot (\ell + c) \cdot a}{\ell}$$

$$a = \frac{\ell + c}{2} = \frac{4{,}20 + 1{,}50}{2} = 2{,}85 \text{ m}$$

$$B = \frac{4.000 \cdot 5{,}70 \cdot 2{,}85}{4{,}20} = 15.471 \text{ N}$$

es muß sein

$\Sigma Q \qquad\qquad = A + B$

$4.000 \cdot (4{,}20 + 1{,}50) = 7.329 + 15.471$

$\qquad\qquad 22.800 = 22.800$

Biegemomente

Feldmoment

$$\max M = + \frac{A^2}{2 \cdot q}$$

$$= + \frac{7.329^2}{2 \cdot 4.000} = + 6.714 \text{ Nm}$$

Stützenmoment

$$M_B = -0{,}5 \cdot q \cdot c^2$$

$$= -0{,}5 \cdot 4.000 \cdot 1{,}50^2 = -4.500 \text{ Nm}$$

Die Auflagerkräfte können auch mit Hilfe des Momentes M_B ermittelt werden.

$$A = 0{,}5 \cdot q \cdot \ell + \frac{M_B}{\ell}$$

$$= 0{,}5 \cdot 4.000 \cdot 4{,}20 + \left(-\frac{4.500}{4{,}20}\right)$$

$$= 8.400 - 1.071$$

$$= 7.329 \text{ N}$$

$$B_{links} = 0{,}5 \cdot q \cdot \ell - \frac{M_B}{\ell}$$

$$= 8.400 + 1.071$$

$$= 9.471 \text{ N}$$

$$B_{rechts} = q \cdot c$$

$$= 4000 \cdot 1{,}50$$

$$= 6.000 \text{ N}$$

$$\Sigma B = 9.471 + 6.000 = 15.471 \text{ N}$$

erforderliches Widerstandsmoment

$$\text{erf } W = \frac{M}{\text{zul } \sigma_B} = \frac{671.400}{1.000} = 672 \text{ cm}^3$$

Querschnitt **11/20 cm** mit

$$I_y = 7.333 \text{ cm}^4, \quad W_y = 733 \text{ cm}^3, \quad A = 220 \text{ cm}^2$$

Biegespannung

$$\sigma = \frac{M}{W_y} = \frac{671.400}{733} = 916 \text{ N/cm}^2 < 1.000 \text{ N/cm}^2$$

Schubspannung

$$\tau = 1{,}5 \cdot \frac{Q}{A} = 1{,}5 \cdot \frac{9.471}{220} = 65 \text{ N/cm}^2 < 120 \text{ N/cm}^2$$

rechnerische Durchbiegung

im Feld

$$f = 0{,}0026 \cdot \frac{q \cdot \ell^2 \cdot (5 \cdot \ell^2 - 12 \cdot c^2)}{I_y}$$

$$= 0{,}0026 \cdot \frac{4.000 \cdot 4{,}20^2 \, (5 \cdot 4{,}20^2 - 12 \cdot 1{,}50^2)}{7.333}$$

$$= 1{,}53 \text{ cm} < \text{zul } f = \frac{\ell}{200} = \frac{420}{200} = 2{,}10 \text{ m}$$

am Kragarm

$$f = 0{,}0417 \cdot \frac{q \cdot c^3 \, (4\ell + 3c) - q \cdot \ell^3 \cdot c}{I_y}$$

$$= 0{,}0417 \cdot \frac{4.000 \cdot 1{,}50^3 \, (4 \cdot 4{,}20 + 3 \cdot 1{,}50) - 4.000 \cdot 4{,}20^3 \cdot 1{,}50}{7.333}$$

$$= -0{,}89 \text{ cm (nach oben)} < \text{zul } f = \frac{c}{150} = \frac{150}{150} = 1{,}00 \text{ cm}$$

73. Pfette mit Kragarm

mit Streckenlasten

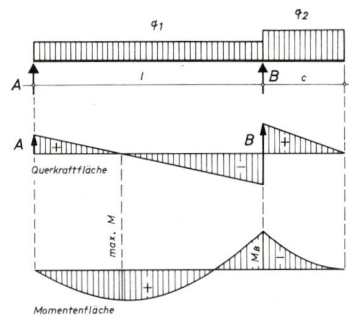

Gegeben: Stützweite ℓ = 4,20 m

Kragarm c = 1,50 m

Lasten q_1 = 3.500 N/m

q_2 = 6.000 N/m

Gesucht: Pfettenquerschnitt

Auflagerkräfte

$$A = \frac{\Sigma (Q \cdot b)}{\ell}$$

b = Abstand des Schwerpunktes der Lasten von B

$$A = \frac{3.500 \cdot 4,20 \cdot 2,10 - 6.000 \cdot 1,50 \cdot 0,75}{4,20}$$

$$= 5.743 \text{ N}$$

$$B = \frac{\Sigma (Q \cdot a)}{\ell}$$

a = Abstand des Schwerpunktes der Lasten von A

$$B = \frac{3.500 \cdot 4,20 \cdot 2,10 + 6.000 \cdot 1,50 \cdot 4,95}{4,20}$$

$$= 17.957 \text{ N}$$

es muß sein

$$\Sigma Q = A + B$$

$$3.500 \cdot 4,20 + 6.000 \cdot 1,50 = 5.743 + 17.957$$

$$23.700 = 23.700$$

Biegemomente

Feldmoment

$$\max M = + \frac{A^2}{2 \cdot q_1}$$

$$= + \frac{5.743^2}{2 \cdot 3.500}$$

$$= +4.712 \text{ Nm}$$

Stützenmoment

$$M_B = -0{,}5 \cdot q \cdot c^2$$
$$= -0{,}5 \cdot 6.000 \cdot 1{,}50^2$$
$$= -6.750 \text{ Nm}$$

erforderliches Widerstandsmoment

$$\text{erf } W = \frac{M}{\sigma_B} = \frac{675.000}{1.000} = 675 \text{ cm}^3$$

Querschnitt **10/20 cm** mit

$$I_y = 6.667 \text{ cm}^4, \; W_y = 667 \text{ cm}^3$$

Biegespannung

$$\sigma_B = \frac{M}{W_y} = \frac{675.000}{667} = 1.012 \text{ N/cm}^2 \approx 1.000 \text{ N/cm}^2$$

rechnerische Durchbiegung
im Feld

$$f = 0{,}0130 \cdot \frac{q_1 \cdot \ell^4}{I} - 0{,}0313 \cdot \frac{q_2 \cdot \ell^2 \cdot c^2}{I}$$

$$= 0{,}0130 \cdot \frac{3.500 \cdot 4{,}20^4}{6.667} - 0{,}0313 \cdot \frac{6.000 \cdot 4{,}20^2 \cdot 1{,}50^2}{6.667}$$

$$= 1{,}01 \text{ cm} < \text{zul } f = \frac{\ell}{200} = \frac{420}{200} = 2{,}10 \text{ cm}$$

am Kragarm

$$f = 0{,}0418 \cdot \frac{q_2 \cdot c^3 (4 \cdot \ell + 3 \cdot c) - q_1 \cdot \ell^3 \cdot c}{I_y}$$

$$f = 0{,}0418 \cdot \frac{6.000 \cdot 1{,}50^3 (4 \cdot 4{,}20 + 3 \cdot 1{,}50) - 3.500 \cdot 4{,}20^3 \cdot 1{,}50}{6.667}$$

$$= 0{,}26 \text{ cm} < \text{zul } f = \frac{c}{150} = \frac{150}{150} = 1{,}00 \text{ cm}$$

74. Pfette mit zwei Kragarmen

mit gleichmäßig verteilter Last

Gegeben: Stützweite: $\ell = 4{,}20$ m
Kragarme: $c = 1{,}50$ m
Last: $q = 4.000$ N/m

Gesucht: Pfettenquerschnitt

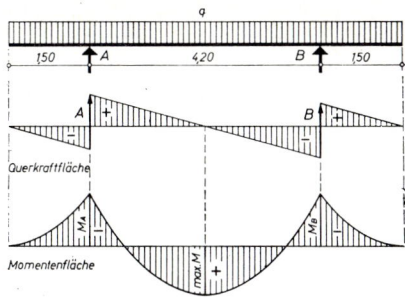

Auflagerkräfte

$$A = B = q \cdot (0{,}5\ell + c)$$
$$= 4.000\,(0{,}5 \cdot 4{,}20 + 1{,}50)$$
$$= 14.400\text{ N}$$

Biegemomente

im Feld

$$\max M = + q \cdot \left(\frac{\ell^2}{8} - \frac{c^2}{2}\right)$$

$$= + 4.000 \cdot \left(\frac{4{,}20^2}{8} - \frac{1{,}50^2}{2}\right)$$

$$= + 4.320\text{ Nm}$$

oder

$$\max M = \quad 14.400 \cdot 2{,}10 \quad = + 30.240\text{ Nm}$$
$$\underline{- \quad 4.000 \cdot 3{,}60 \cdot 1{,}80 = - 25.920\text{ Nm}}$$
$$+ \quad 4.320\text{ Nm}$$

an den Kragarmen

$$M_A = M_B = -0{,}5 \cdot q \cdot c^2$$
$$= -0{,}5 \cdot 4.000 \cdot 1{,}50^2$$
$$= -4.500\text{ Nm}$$

erforderliches Widerstandsmoment

$$\text{erf }W = \frac{M}{\sigma_B} = \frac{450.000}{1.000} = 450\text{ cm}^3$$

Querschnitt **7/20 cm** mit

$$I_y = 4.667\text{ cm}^4,\ W_y = 467\text{ cm}^3$$

rechnerische Durchbiegung

im Feld

$$f = 0{,}0026 \cdot \frac{q \cdot \ell^2 \cdot (5 \cdot \ell^2 - 24 \cdot c^2)}{I_y}$$

$$= 0{,}0026 \cdot \frac{4.000 \cdot 4{,}20^2 \cdot (5 \cdot 4{,}20^2 - 24 \cdot 1{,}5^2)}{4.667}$$

$$= 1{,}35 \text{ cm} < \text{zul } f = \frac{\ell}{200} = \frac{420}{200} = 2{,}10 \text{ cm}$$

an einem Kragarm

$$f = 0{,}0417 \cdot \frac{q \cdot c \,[c^2 \cdot (6 \cdot \ell + 3 \cdot c) - \ell^3]}{I_y}$$

$$= 0{,}0417 \cdot \frac{4.000 \cdot 1{,}50 \,[1{,}50^2 \cdot (6 \cdot 4{,}20 + 3 \cdot 1{,}50) - 4{,}20^3]}{4.667}$$

$$= -0{,}39 \text{ cm (nach oben)}$$

$$\text{zul } f = \frac{c}{150} = \frac{150}{150} = 1{,}0 \text{ cm}$$

75. Pfette mit zwei Kragarmen

mit Einzellasten

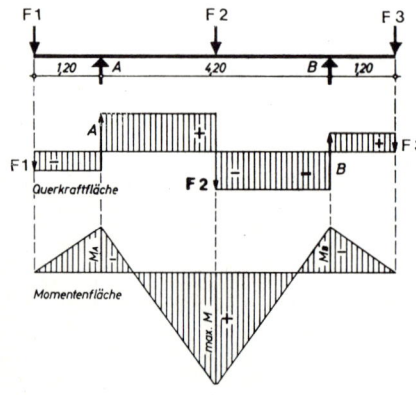

Gegeben:

Stützweite: $\ell = 4{,}20$ m

Kragarme: $c = 1{,}20$ m

Lasten: $F_1 = 5.000$ N

$F_2 = 20.000$ N

$F_3 = 5.000$ N

Gesucht: Pfettenquerschnitt

Auflagerkräfte

$$A = B = \frac{\Sigma F}{2} = \frac{5.000 + 20.000 + 5.000}{2} = 15.000 \text{ N}$$

Biegemomente

im Feld

$$_{max}M = A \cdot 0{,}5 \cdot \ell - F_1 \cdot (c + 0{,}5\ell)$$
$$= 15.000 \cdot 0{,}5 \cdot 4{,}20 - 5.000 \cdot (1{,}20 + 2{,}10)$$
$$= +15.000 \text{ Nm}$$

an den Kragarmen

$$M_A = M_B = -F_1 \cdot c$$
$$= -5.000 \cdot 1{,}20$$
$$= -6.000 \text{ Nm}$$

erforderliches Widerstandsmoment

$$_{erf}W = \frac{M}{\sigma_B} = \frac{1.500.000}{1.000} = 1.500 \text{ cm}^3$$

Querschnitt **16/24 cm** mit

$I_y = 18.432 \text{ cm}^4,\ W_y = 1.536 \text{ cm}^3$

Biegespannung

$$\sigma = \frac{M}{W_y} = \frac{1.500.000}{1.536} = 976 \text{ N/cm}^2 < 1.000 \text{ N/cm}^2$$

rechnerische Durchbiegung

Im Feld

$$f = 0{,}0208 \cdot \frac{F_2 \cdot \ell^3}{I_y} - 0{,}125 \cdot \frac{F_1 \cdot \ell^2 \cdot c}{I_y}$$

$$= 0{,}0208 \cdot \frac{20.000 \cdot 4{,}20^3}{18.432} - 0{,}125 \cdot \frac{5.000 \cdot 4{,}20^2 \cdot 1{,}20}{18.432}$$

$$= 0{,}96 \text{ cm} < {}_{zul}f = \frac{\ell}{200} = \frac{420}{200} = 2{,}10 \text{ cm}$$

an einem Kragarm

$$f = 0{,}3333 \cdot \frac{F_2 \cdot c^2 (1{,}5 \cdot \ell + c)}{I_y} - 0{,}0625 \cdot \frac{F_1 \cdot \ell^2 \cdot c}{I_y}$$

$$= 0{,}3333 \cdot \frac{5.000 \cdot 1{,}20^2 (1{,}5 \cdot 4{,}20 + 1{,}20)}{18.432} - 0{,}0625 \cdot \frac{20.000 \cdot 4{,}20^2 \cdot 1{,}20}{18.432}$$

$$= +0{,}975 - 1{,}435$$
$$= -0{,}46 \text{ cm (nach oben)}$$

$$_{zul}f = \frac{c}{150} = \frac{120}{150} = 0{,}8 \text{ cm}$$

76. Pfette mit Kopfbändern

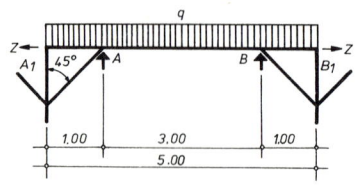

Gegeben: Stützweiten: $\ell = 5{,}00$ m

$\ell_1 = 1{,}00$ m

$\ell_2 = 3{,}00$ m

Last $\quad q = 5.000$ N/m

Gesucht: Pfettenquerschnitt

Auflagerkräfte

Vereinfachte Berechnung nach DIN 1052

Es kann angenommen werden, daß sich die Pfette allein auf die Kopfbänder absetzt, so daß die vertikalen Auflager auf den Stützen

A_1 und $B_1 = 0$ werden

$A = B = 0{,}5 \cdot q \cdot \ell$

$\qquad 0{,}5 \cdot 5.000 \cdot 5{,}00$

$\qquad = 12.500$ N

Normalkraft in den Kopfbändern

$N = A \sqrt{2} = 12.500 \cdot \sqrt{2} = 17.678$ N

Zugkräfte an den Pfetten-Enden

$Z = A = 12.500$ N (am Pfettenstoß über Laschen anzuschließen)

Biegemoment

$M = 0{,}125 \cdot q \cdot \ell_2^2$

$\quad = 0{,}125 \cdot 5.000 \cdot 3{,}00^2$

$\quad = 5.625$ Nm

Querschnitt 12/18 cm

mit $W_y = 648$ cm^3

Biegespannung

$$\sigma = \frac{M}{W_y} = \frac{562.500}{648} = 868 \text{ N/m}^2 < 1.000 \text{ N/m}^2$$

Die rechnerische Durchbiegung ist gering und kann vernachlässigt werden.

77. Pfette mit Kopfbändern

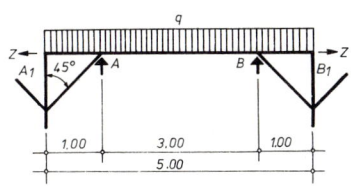

Gegeben: Stützweiten: $\ell = 5{,}00$ m
$\ell_1 = 1{,}00$ m
$\ell_2 = 3{,}00$ m
horizontal $\ell_H = 5{,}00$ m
Lasten $q_v = 5.000$ N/m
$q_H = 1.500$ N/m

Gesucht: Pfettenquerschnitt

Auflagerkräfte

Vereinfachte Berechnung nach DIN 1052

Es kann angenommen werden, daß sich die vertikale Last allein auf die Kopfbänder absetzt, so daß die vertikalen Auflager auf den Stützen A_1 und $B_1 = 0$ werden

$A_v = B_v = 0{,}5 \cdot q_v \cdot \ell$

$\quad 0{,}5 \cdot 5.000 \cdot 5{,}00$

$= 12.500$ N

$A_{1H} = B_{1H} = 0{,}5 \cdot q_H \cdot \ell_H$

$= 0{,}5 \cdot 1.500 \cdot 5{,}00$

$= 3.750$ N

Normalkraft in den Kopfbändern

$N = A_v \cdot \sqrt{2} = 12.500 \cdot \sqrt{2} = 17.678$ N

Zugkräfte an den Enden der Pfetten

$Z = A_v = 12.500$ N (am Pfettenstoß über Laschen anzuschließen)

Biegemomente

$M_y = 0{,}125 \cdot q_v \cdot \ell_2^2$

$= 0{,}125 \cdot 5.000 \cdot 3{,}00^2$

$= 5.625$ Nm

$M_z = 0{,}125 \cdot q_H \cdot \ell_H^2$

$= 0{,}125 \cdot 1.500 \cdot 5{,}00^2$

$= 4.688$ Nm

Querschnitt **17/20 cm**

mit $I_y = 11.333$ cm^4, $I_z = 8.188$ cm^4

$W_y = 1.133$ cm^3, $W_z = 963$ cm^3

Biegespannung

$$\sigma = \frac{M_y}{W_y} + \frac{M_z}{W_z}$$

$$= \frac{562.500}{1.133} + \frac{468.800}{963}$$

$$= 496 + 487 = 983 \text{ N/cm}^2 < 1.000 \text{ N/cm}^2$$

rechnerische Durchbiegung

$$f = 0{,}104 \cdot \frac{M \cdot \ell^2}{I}, \text{ M in Nm; } \ell \text{ in m}$$

$$f_y = 0{,}104 \cdot \frac{5.625 \cdot 3{,}00^2}{11.333} = 0{,}46 \text{ cm} < \text{zul } f = \frac{300}{200} = 1{,}50 \text{ cm}$$

$$f_z = 0{,}104 \cdot \frac{4.688 \cdot 5{,}00^2}{8.188} = 1{,}49 \text{ cm} < \text{zul } f = \frac{500}{200} = 2{,}50 \text{ cm}$$

$$\text{max } f = \sqrt{0{,}46^2 + 1{,}49^2}$$

$$= 1{,}56 \text{ cm} < \text{zul } f = \frac{500 + 300}{2 \cdot 200} = 2{,}00 \text{ cm}$$

78. Gratsparren

Für die Berechnung von Gratsparren gibt es zwei grundsätzlich verschiedene Berechnungsarten.

A) Es wird angenommen, daß die Schifter den Gratsparren belasten, in diesem Fall ist der Gratsparren als Biegeträger zu betrachten.

B) Es wird angenommen, daß die Schifter den Gratsparren abstützen, dann erhält dieser **keine** Biegekräfte, sondern eine Zugkraft, die am Fußpunkt entsprechend anzuschließen ist.

Der Fall A ist als Nomalfall anzusehen, er eignet sich für alle Dachneigungen.
Der Fall B kann für steilere Dachneigungen angewendet werden (siehe auch »Bauen mit Holz« Heft 8 und 9/1977).

Gratsparren nach Fall A

Sparrendach

Gegeben: Dachbreite $b = 8{,}00$ m

Abstand des Gratanfallpunktes von der Giebeltraufe
$a = 3{,}00$ m

Dachhöhe $h = 3{,}00$ m
Belastung $q = 2.000$ N/m² Grundfl.

Gesucht: Gratsparrenquerschnitt

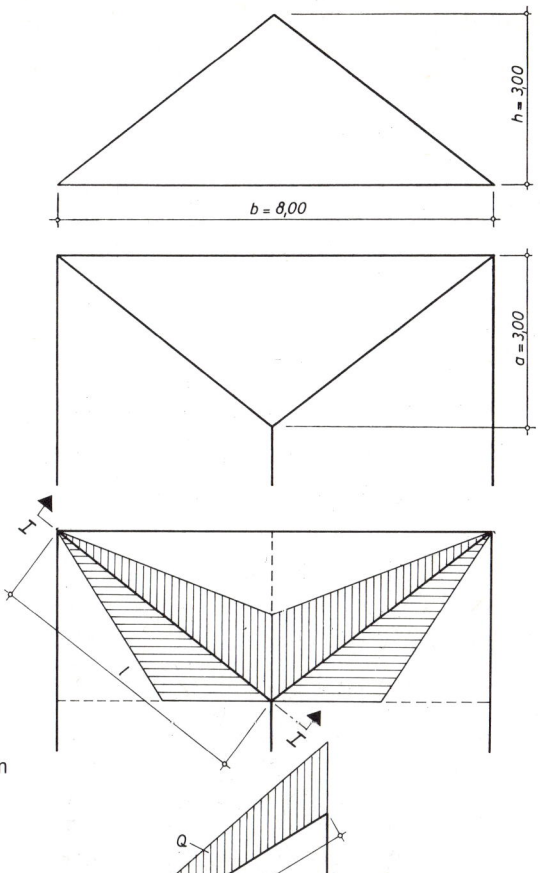

Länge des Gratsparrens im Grundriß

$$\ell = \sqrt{\left(\frac{b}{2}\right)^2 + a^2}$$

$$= \sqrt{4{,}00^2 + 3{,}00^2} = 5{,}00 \text{ m}$$

wahre Länge des Gratsparrens

$$\ell_1 = \sqrt{\ell^2 + h^2}$$

$$= \sqrt{5{,}00^2 + 3{,}00^2} = 5{,}83 \text{ m}$$

Belastungsfläche des Gratsparrens

$$A = \frac{a \cdot b}{4} = \frac{3{,}00 \cdot 8{,}00}{4}$$

$$= 6{,}00 \text{ m}^2$$

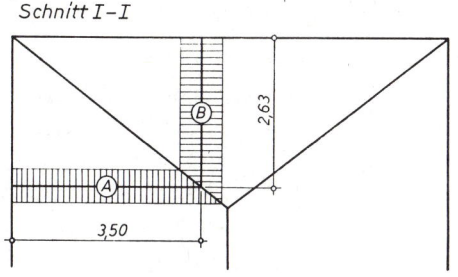

Belastung des Gratsparrens

$$Q = A \cdot q$$
$$= 6{,}00 \cdot 2.000 = 12.000 \text{ N}$$
$$\max M = 0{,}128 \cdot Q \cdot \ell$$
$$= 0{,}128 \cdot 12.000 \cdot 5{,}00 = 7.680 \text{ Nm}$$

Infolge Durchbiegung

$$I_{erf} = 0{,}204 \cdot M \cdot \ell_1$$
$$= 0{,}204 \cdot 7.680 \cdot 5{,}83 = 9.134 \text{ m}^4$$

Querschnitt **12/24 cm**

mit $I_y = 13.824 \text{ cm}^4$, $W_y = 1.152 \text{ cm}^3$

$$\sigma = \frac{M}{W_y} = \frac{768.000}{1.152} = 667 \text{ N/cm}^2 < 1.000 \text{ N/cm}^2$$

Gratsparren nach Fall B

Sparrendach

Gegeben: wie bei Fall A

Gesucht: Gratsparrenquerschnitt und Schifterquerschnitt

Länge des Gratsparrens im Grundriß

$$\ell = \sqrt{\left(\frac{b}{2}\right)^2 + a^2} = \sqrt{4{,}00^2 + 3{,}00^2} = 5{,}00 \text{ m}$$

Neigung des Gratsparrens

$$\tan \alpha = \frac{h}{\ell} = \frac{3{,}00}{5{,}00} = 0{,}600 \qquad \alpha = 31°$$

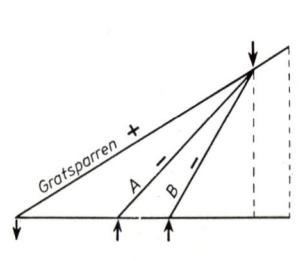
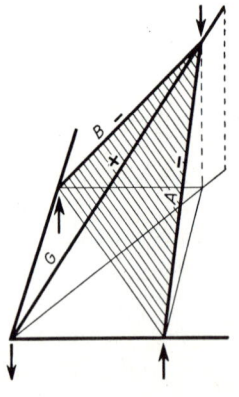

Belastungsfläche des Gratsparrens

$$A = \frac{a \cdot b}{4} = \frac{3{,}00 \cdot 8{,}00}{4} = 6{,}00 \text{ m}^2$$

Last auf den Gratsparren

$Q = A \cdot q = 6{,}00 \cdot 2.000 = 12.000$ N

Größte Zugkraft am Fußpunkt des Gratsparrens

$$Z = \frac{Q}{\sin \alpha} = \frac{12.000}{0{,}515} = 23.300 \text{ N}$$

Länge des Schifters A im Grundriß

$S_1 = 3{,}50$ m mit einer Belastungsbreite von $e_1 = 0{,}60$ m

Belastungsfläche des Schifters A

$A_1 = 3{,}50 \cdot 0{,}60 = 2{,}10 \text{ m}^2$

Last auf den Schifter A

$Q_1 = A_1 \cdot q = 2{,}10 \cdot 2.000 = 4.200$ N

Neigung des Schifters A

$$\tan \beta = \frac{2 \cdot h}{b} = \frac{2 \cdot 3{,}00}{8{,}00} = 0{,}75 \qquad \beta = 37°$$

Länge des Schifters B im Grundriß

$S_2 = 2{,}63$ m mit einer Belastungsbreite von $e_2 = 0{,}80$ m

Belastungsfläche des Schifters B

$A_2 = 2{,}63 \cdot 0{,}80 = 2{,}10 \text{ m}^2$

Last auf den Schifter B

$Q_2 = A_2 \cdot q = 2{,}10 \cdot 2.000 = 4.200$ N

Neigung des Schifters B

$$\tan \gamma = \frac{h}{a} = \frac{3{,}00}{3{,}00} = 1{,}00 \qquad \gamma = 45°$$

Normalkraft im Schifter A

$$N_1 = \frac{Q_1 + 0{,}5 \cdot Q_2}{\sin \beta}$$

$$= \frac{4.200 + 0{,}5 \cdot 4.200}{0{,}602} = 10.465 \text{ N (Druck)}$$

Normalkraft im Schifter B

$$N_2 = \frac{Q_2 + 0{,}5 \cdot Q_1}{\sin \gamma}$$

$$= \frac{4.200 + 0{,}5 \cdot 4.200}{0{,}707} = 8.911 \text{ N (Druck)}$$

Biegemoment im Schifter A

$M_1 = 0{,}125 \cdot Q_1 \cdot S_1$

$\quad = 0{,}125 \cdot 4.200 \cdot 3{,}50 = 1.838 \text{ Nm}$

Biegemoment im Schifter B

$M_2 = 0{,}125 \cdot Q_2 \cdot S_2$

$\quad = 0{,}125 \cdot 4.200 \cdot 2{,}63 = 1.381 \text{ Nm}$

Bemessung
Schifter A

Querschnitt **8/16 cm**

mit $W_y = 341 \text{ cm}^3$, $A = 128 \text{ cm}^2$, $i_y = 4{,}62 \text{ cm}$

Länge des Schifters A: 4,39 m

$$\lambda = \frac{s_k}{i} = \frac{439}{4{,}62} = 95 \qquad \omega = 2{,}78$$

$$\sigma = \frac{\omega \cdot N}{A} + 0{,}85 \cdot \frac{M}{W}$$

$$= \frac{2{,}78 \cdot 10.465}{128} + 0{,}85 \cdot \frac{183.800}{341} = 685 \text{ N/cm}^2 < 850 \text{ N/cm}^2$$

Schifter B wie Schifter A: **8/16 cm**
Gratsparren aus konstruktiven Gründen gewählt **10/20 cm,** σ gering.
Bei der Ausführung muß darauf geachtet werden, daß die Zugkraft im Gratsparren von der Unterkonstruktion auch aufgenommen werden kann, und daß die Normalkraft der Schifter auf die Decke übergeleitet werden muß.

Zusammengesetzte Festigkeit

79. Zugstab mit Biegung

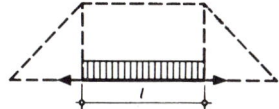

Gegeben: $\ell = 3{,}00$ m
U = + 100 kN (Zugkraft im Untergurt)
q = 10.000 N/m = 10 kN/m

Gesucht: Stabquerschnitt (einteilig)

Das Biegemoment in Stabmitte beträgt:

$$\max M = \frac{q \cdot \ell^2}{8} = \frac{10.000 \cdot 3{,}00^2}{8} = 11.250 \text{ Nm} = 1.125.000 \text{ N cm}$$

Die Querschnittsschwächung am Stabanschluß wird mit $0{,}2 \cdot A$ angenommen.

Querschnitt **18/24 cm**

$A = 18 \cdot 24 = 432 \text{ cm}^2$, $A_n = 0{,}8 \cdot 432 = 346 \text{ cm}^2$, $W_y = 1.728 \text{ cm}^3$

$$\sigma_{Stabmitte} = \frac{U}{A} + \frac{\text{zul } \sigma_Z}{\text{zul } \sigma_B} \cdot \frac{M}{W_y}$$

$$= \frac{100.000}{432} + 0{,}85 \cdot \frac{1.125.000}{1.728} = 785 \text{ N/cm}^2 < 850 \text{ N/cm}^2$$

$$\sigma_{Stabende} = \frac{U}{A_n} = \frac{100.000}{346} = 289 \text{ N/cm}^2 < 850 \text{ N/cm}^2$$

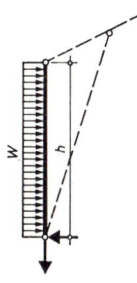

80. Zugstab mit Biegung

Gegeben: $\ell = 2{,}50$ m
V = + 80.000 N (Zugkraft im V-Stab)
w = 5.000 N/m

Gesucht: Stabquerschnitt (zweiteilig)

Das Biegungsmoment in Stabmitte beträgt:

$$\max M = \frac{w \cdot \ell^2}{8} = \frac{5.000 \cdot 2{,}50^2}{8}$$

$$= 3.906 \text{ Nm} = 390.600 \text{ Ncm}$$

Die Querschnittsschwächung am Stabanschluß wird mit $0{,}25 \cdot A$ angenommen

Stabquerschnitt $2 \times 8/16$ cm

mit $W_y = 683 \text{ cm}^3$, $A = 256 \text{ cm}^2$, $A_n = 0{,}75 \cdot 256 = 192 \text{ cm}^2$

$$\sigma_{\text{Stabmitte}} = \frac{V}{A} + \frac{\text{zul } \sigma_Z}{\text{zul } \sigma_B} \cdot \frac{M}{W_y}$$

$$= \frac{80.000}{256} + 0{,}85 \cdot \frac{390.600}{683} = 799 \text{ N/cm}^2 < 850 \text{ N/cm}^2$$

$$\sigma_{\text{Stabende}} = \frac{V}{A_n} = \frac{80.000}{192} \qquad = 417 \text{ N/cm}^2 < 850 \text{ N/cm}^2$$

81. Zugstab mit Biegung

Gegeben: Untergurt eines Brettbinders mit
$\ell = 1{,}25$ m, $U = +15.000$ N (Zugkraft im Untergurt)

Lasten:
Eigengewicht der Unterdecke $g = 500$ N/m
Einzellast (für Reparatur) $\qquad F = 1.000$ N
Die Einzellast (Mannlast) nach DIN 1055 Teil 3 ist immer als Zusatzlast einzustufen.
Der Untergurt kann als Durchlaufträger über 4 Felder betrachtet werden.

Gesucht: Querschnitt des Untergurtes

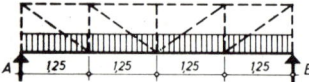

Biegemoment

im Feld

aus g: $M_1 = 0{,}0772 \cdot g \cdot \ell^2$
$\qquad = 0{,}0772 \cdot 500 \cdot 1{,}25^2 = + \ 60$ Nm
aus F: $M_1 = 0{,}204 \cdot F \cdot \ell$
$\qquad = 0{,}204 \cdot 1.000 \cdot 1{,}25 = +255$ Nm

$\qquad\qquad\qquad M_1 = +315$ Nm

am Knotenpunkt

aus g: $M_l = -0,1074 \cdot g \cdot \ell^2$
$= -0,1074 \cdot 500 \cdot 1,25^2 = -84\,Nm$

aus F: $M_l = -0,1029 \cdot F \cdot \ell$
$= -0,1029 \cdot 1.000 \cdot 1,25 = -129\,Nm$

$\overline{M_l = -213\,Nm}$

Querschnitt **2 x 2,4/10 cm**

$W_y = 80\,cm^3, \quad A = 48\,cm^2, \quad A_n = 0,8 \cdot 48 = 38,4\,cm^2$

Spannungen
im Feld

$\sigma = \dfrac{U}{A} + \dfrac{\sigma_Z}{\sigma_B} \cdot \dfrac{M_l}{W_y}$

$\sigma = \dfrac{15.000}{48} + \dfrac{85}{100} \cdot \dfrac{31.500}{80}$

$= 647\,N/cm^2 < 1,25 \cdot 850\,N/cm^2$

am Knotenpunkt

$\sigma = \dfrac{U}{A_n} + \dfrac{\sigma_Z}{\sigma_B} \cdot \dfrac{M_l}{W_y}$

$= \dfrac{15.000}{38,4} + \dfrac{85}{110} \cdot \dfrac{21.300}{80}$

$= 596\,N/cm^2 < 1,25 \cdot 850\,N/cm^2$

82. Druckstab mit Biegung

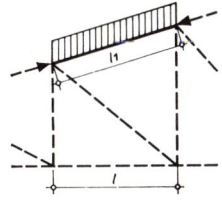

Gegeben: $\ell = 2,00\,m, \quad \ell_1 = 2,10\,m$
$O = -6.000\,N$ (Druckkraft im Obergurt)
$q = 6.000\,N/m$ (vertikal wirkend)

Ein Ausknicken aus der Binderebene ist nicht möglich (Obergurt durch Schalung und Verbände seitlich gehalten).

Gesucht: Stabquerschnitt (einteilig)

Das Biegemoment in Stabmitte beträgt:

$\max M = \dfrac{q \cdot \ell^2}{8} = \dfrac{6.000 \cdot 2,00^2}{8} = 3.000\,Nm = 300.000\,Ncm$

Stabquerschnitt **14/16 cm**

mit $W_y = 597\,cm^3, \quad A = 224\,cm^2, \quad i_y = 4,62\,cm$

$\lambda = \dfrac{s_k}{i} = \dfrac{210}{4,62} = 45 \qquad \omega = 1,33$

$\sigma = \dfrac{\omega \cdot O}{A} + \dfrac{zul\,\sigma_D}{zul\,\sigma_B} \cdot \dfrac{M}{W_y}$

$= \dfrac{1,33 \cdot 60.000}{224} + \dfrac{85}{100} \cdot \dfrac{300.000}{597} = 783\,N/cm^2 < 850\,N/cm^2$

83. Druckstab mit Biegung

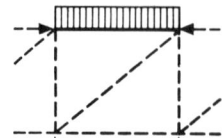

Gegeben: $\ell = 3{,}00$ m,

O = — 70.000 N (Druckkraft im Obergurt)

q = 8.000 N/m

Ein seitliches Ausknicken aus der Binderebene ist nicht möglich (Obergurt durch Schalung und Verbände seitlich gehalten).

Gesucht: Stabquerschnitt (zweiteilig)

Das Biegemoment in Stabmitte beträgt:

$$\max M = \frac{q \cdot \ell^2}{8} = \frac{8.000 \cdot 3{,}00^2}{8} = 9.000 \text{ Nm} = 900.000 \text{ Ncm}$$

Stabquerschnitt **2 × 10/20 cm**

mit $W_y = 2 \cdot 667 = 1.334$ cm³, $A = 2 \cdot 200 = 400$ cm², $i_y = 5{,}77$ cm

$$\lambda = \frac{s_k}{i_y} = \frac{300}{5{,}77} = 52 \qquad \omega = 1{,}46$$

$$\sigma = \frac{\omega \cdot O}{A} + \frac{\text{zul } \sigma_D}{\text{zul } \sigma_B} \cdot \frac{M}{W_y}$$

$$= \frac{1{,}46 \cdot 70.000}{400} + \frac{85}{100} \cdot \frac{900.000}{1.334} = 829 \text{ N/cm}^2 < 850 \text{ N/cm}^2$$

84. Druckstab mit Biegung

Gegeben: Obergurt eines Brettbinders mit $\ell = 1{,}25$ m

O = — 15.000 N (Druckkraft im Obergurt)

Lasten: Eigengewicht g = 2.000 N/m

Schnee   s = 1.000 N/m

Gesamtlast   q = 3.000 N/m

Der Obergurt kann als Durchlaufträger über 4 Felder betrachtet werden.

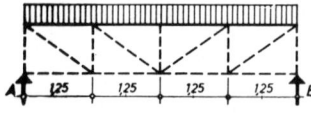

(Knickgefahr nur in y-Richtung)

Gesucht: Querschnitt des Obergurtes

Die Schneelast in einem Feld beträgt

S = 1.000 · 1,25 = 1.250 N < 2.000 N

nach DIN 1055, Teil 3, Punkt 6.2.1 muß mit einer Einzellast von 1.000 N in der Mitte des Obergurtes gerechnet werden, wenn die Schnee- und Windlast auf diesem Tragteil kleiner als 2.000 N ist.
Die Einzellast (Mannlast) ist als Zusatzlast einzustufen.

Lastfall 1

Eigengewicht + Schnee, $O = -15.000$ N

$M_1 = +0,0772 \cdot g \cdot \ell^2$ $\qquad M_I = -0,1071 \cdot q \cdot \ell^2$

$\quad = +0,0772 \cdot 3.000 \cdot 1,25^2 \qquad = -0,1071 \cdot 3.000 \cdot 1,25^2$

$\quad = +362$ Nm $\qquad\qquad\qquad = -502$ Nm

Lastfall 2

Eigengewicht + F = 1.000 N, $O = -15.000 \cdot \dfrac{2.000}{3.000} = -10.000$ N

$M_1 = +0,0772 \cdot g \cdot \ell^2 + 0,207 \cdot F \cdot \ell$

$\quad = +0,0772 \cdot 2.000 \cdot 1,25^2 + 0,207 \cdot 1.000 \cdot 1,25$

$\quad = +241 + 259 = 500$ Nm

$M_I = -0,1071 \cdot g \cdot \ell^2 - 0,1 \cdot F \cdot \ell$

$\quad = -0,1071 \cdot 2.000 \cdot 1,25^2 - 0,1 \cdot 1.000 \cdot 1,25$

$\quad = -335 - 125 = -460$ Nm

Querschnitt **2 × 2,4/10 cm**

mit $W_y = 80$ cm^3, $A = 48$ cm^2, $i_y = 2,89$ cm

$\lambda = \dfrac{S_k}{i_y} = \dfrac{125}{2,89} = 43 \qquad \omega = 1,30$

Spannungen aus Lastfall 1

$\sigma = \dfrac{\omega \cdot O}{A} + \dfrac{\text{zul }\sigma_D}{\text{zul }\sigma_B} \cdot \dfrac{M}{W_y}$

$\sigma_1 = \dfrac{1,30 \cdot 15.000}{48} + \dfrac{85}{100} \cdot \dfrac{36.200}{80}$

$\quad = 406 + 385 = 791$ N/cm$^2 < 850$ N/cm^2

$\sigma_I = \dfrac{O}{A} + \dfrac{85}{110} \cdot \dfrac{M_I}{W_y}$

$\quad = \dfrac{15.000}{48} + \dfrac{85}{110} \cdot \dfrac{50.200}{80}$

$\quad = 313 + 485 = 798$ N/cm$^2 < 850$ N/cm^2

Spannungen aus Lastfall 2

$\sigma_1 = \dfrac{1,30 \cdot 10.000}{48} + \dfrac{85}{100} \cdot \dfrac{50.000}{80}$

$\quad = 271 + 531 = 802$ N/cm$^2 < 1,25 \cdot 850$ N/cm^2

85. Druckstab mit Biegung

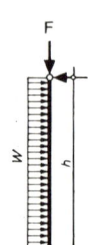

Gegeben: $h = 4{,}00$ m

$F = 100.000$ N $= 100$ kN

$w = 2.000$ N/m $= 2$ kN/m

Knickgefahr nur in y-Richtung. In z-Richtung z. B. durch Wandriegel und Windbock gehalten.

Gesucht: Stützenquerschnitt

Biegemoment

$$M = 0{,}125 \cdot w \cdot h^2$$
$$= 0{,}125 \cdot 2.000 \cdot 4{,}00^2$$
$$= 4.000 \text{ Nm}$$

Querschnitt zur Vorbemessung angenommen 1/20 cm

mit $W_y = 66{,}7$ cm^3, $A = 20$ cm^2, $i_y = 5{,}77$ cm

$$\lambda = \frac{s_k}{i_y} \qquad s_k = h$$

$$\lambda = \frac{400}{5{,}77} = 69 \qquad \omega = 1{,}85$$

$$\sigma = \frac{\omega \cdot F}{A} + \frac{\sigma_D}{\sigma_B} \cdot \frac{M}{W_y}$$

$$\sigma_1 = \frac{1{,}85 \cdot 100.000}{20} + 0{,}85 \cdot \frac{400.000}{66{,}7}$$

$$= 9.250 + 5.097 = 14.347 \text{ N/cm}^2$$

bei zul $\sigma_D = 850$ N/cm^2 muß

$$b = \frac{\sigma_1}{\sigma_D} = \frac{14.347}{850} = 17 \text{ cm sein}$$

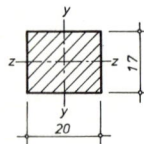

Querschnitt **17/20 cm** mit

$W_y = 1.133$ cm^2, $A = 340$ cm^2

$$\sigma = \frac{1{,}85 \cdot 100.000}{340} + 0{,}85 \cdot \frac{400.000}{1.133}$$

$$= 544 + 300 = 844 \text{ N/cm}^2 < 850 \text{ N/cm}^2$$

86. Druckstab mit Biegung

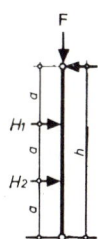

Gegeben: $h = 4{,}00$ m

$F = 100.000$ N

$H_1 = H_2 = 8.000$ N

Knickgefahr besteht nur in y-Richtung. In z-Richtung z. B. durch Wandriegel und Windbock gehalten.

Gesucht: Stützenquerschnitt

Biegemoment

$$M = H \cdot \frac{h}{3} = 8.000 \cdot \frac{4{,}00}{3} = 10.667 \text{ Nm}$$

Querschnitt zur Vorbemessung angenommen 1/24 cm

mit $W_y = 96$ cm³, $A = 24$ cm², $i_y = 6{,}93$ cm

$$\lambda = \frac{s_k}{i_y} \qquad s_k = h$$

$$\lambda = \frac{400}{6{,}93} = 58 \qquad \omega = 1{,}58$$

$$\sigma = \frac{\omega \cdot F}{A} + \frac{\text{zul } \sigma_D}{\text{zul } \sigma_B} \cdot \frac{M}{W_y}$$

$$\sigma_1 = \frac{1{,}58 \cdot 100.000}{24} + 0{,}85 \cdot \frac{1.066.700}{96}$$

$$= 6.583 + 9.445 = 16.028 \text{ N/cm}^2$$

bei $_{\text{zul}}\sigma_D = 850$ N/cm² muß

$$b = \frac{\sigma_1}{\sigma_D} = \frac{16.028}{850} = 19 \text{ cm sein}$$

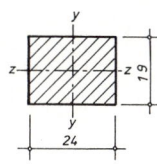

Querschnitt **19/24 cm** mit

$W_y = 1.824$ cm², $A = 456$ cm²

$$\sigma = \frac{1{,}58 \cdot 100.000}{456} + 0{,}85 \cdot \frac{1.066.700}{1.824}$$

$$= 346 + 497 = 843 \text{ N/cm}^2 < 850 \text{ N/cm}^2$$

87. Eingespannte Stütze mit Biegung

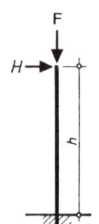

Gegeben: Eingespannte Stütze mit h = 3,50 m

Belastung F = 60.000 N

H = 4.000 N

Knickgefahr besteht nur in y-Richtung. In z-Richtung z.B. durch Wandriegel u. Windbock gehalten.

Gesucht: Stützenquerschnitt

Einspannmoment

M = H · h
= 4.000 · 3,50
= 14.000 Nm

Trägheitsmoment infolge Durchbiegung bei einer zulässigen Durchbiegung von

zul f = $\frac{\ell}{150}$ und E = 10^6 N/cm²

erf I = 0,50 · M · h
= 0,50 · 14.000 · 3,50
= 24.500 cm⁴

Knicklänge

s_{ky} = 2 · h = 2 · 3,50 = 7,00 m

Querschnitt geschätzt

A = 1,4 · F + 9 · s_k^2; F in kN, s_k in m
= 1,4 · 60 + 9 · 7,00²
= 525 cm²

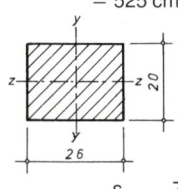

Querschnitt **20/26 cm**

I_y = 29.293 cm⁴, W_y = 2.253 cm³

A = 520 cm², i_y = 7,51 cm

$\lambda = \frac{s_{kx}}{i_y} = \frac{700}{7,51} = 93$ ω = 2,70

$\sigma = \frac{\omega \cdot F}{A} + \frac{zul\,\sigma_D}{zul\,\sigma_B} \cdot \frac{M}{W_y}$

$= \frac{2,70 \cdot 60.000}{520} + 0,85 \cdot \frac{1.400.000}{2.253}$

= 840 N/cm² < 850 N/cm²

88. Eingespannte Stütze mit Biegung

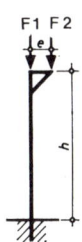

Gegeben: Eingespannte Stütze mit $h = 3{,}50$ m

$e = 0{,}50$ m

Belastung $F_1 = 50.000$ N

$F_2 = 20.000$ N

Knickgefahr besteht nur in y-Richtung. In z-Richtung z.B. durch Wandriegel gehalten.

Gesucht: Stützenquerschnitt

Einspannmoment

$M = F_2 \cdot e$

$= 20.000 \cdot 0{,}50$

$= 10.000$ Nm

Querschnitt zur Vorbemessung angenommen 1/24 cm

mit $W_y = 96$ cm³, $A = 24$ cm², $i_y = 6{,}93$ cm

$\lambda = \dfrac{s_k}{i_y}$ $s_k = 2 \cdot h = 2 \cdot 3{,}50 = 7{,}00$ m

$\lambda = \dfrac{700}{6{,}93} = 101$ $\omega = 3{,}06$

$\sigma = \dfrac{\omega \cdot (F_1 + F_2)}{A} + \dfrac{\text{zul } \sigma_D}{\text{zul } \sigma_B} \cdot \dfrac{M}{W_y}$

$\sigma_1 = \dfrac{3{,}06 \cdot (50.000 + 20.000)}{24} + 0{,}85 \cdot \dfrac{1.000.000}{96}$

$= 8.925 + 8.854 = 17.779$ N/cm²

bei zul $\sigma_D = 850$ N/cm² muß

$b = \dfrac{\sigma_1}{\sigma_D} = \dfrac{17.779}{850} = 21$ cm sein.

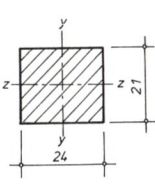

Querschnitt **21/24 cm** mit

$W_y = 2.016$ cm³, $A = 504$ cm²

$\sigma = \dfrac{3{,}06 \cdot 70.000}{504} + 0{,}85 \cdot \dfrac{1.000.000}{2.016}$

$= 425 + 422 = 847$ N/cm² < 850 N/cm²

89. Eingespannte Stütze mit Biegung

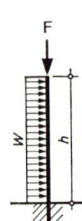

Gegeben: Eingespannte Stütze mit h = 3,00 m

Belastung	F = 50.000 N
Windlast	w = 2.000 N/m

Knickgefahr besteht nur y-Richtung. In z-Richtung z. B. durch Wandriegel und Windbock gehalten.

Gesucht: Stützenquerschnitt

Einspannmoment

$$M = 0{,}5 \cdot w \cdot h^2$$
$$= 0{,}5 \cdot 2.000 \cdot 3{,}00^2$$
$$= 9.000 \text{ Nm}$$

Trägheitsmoment infolge Durchbiegung bei einer zulässigen Durchbiegung von

$$\text{zul } f = \frac{\ell}{150} \text{ und } E = 10^6 \text{ N/cm}^2$$

$$\text{zul } I = 0{,}375 \cdot M \cdot h$$
$$= 0{,}375 \cdot 9.000 \cdot 3{,}00$$
$$= 10.125 \text{ cm}^4$$

Knicklänge

$$s_{ky} = 2 \cdot h = 2 \cdot 3{,}00 = 6{,}00 \text{ m}$$

Querschnitt geschätzt

$$A = 1{,}4 \cdot F + 9 \cdot s_k^2, \quad F \text{ in kN}, \quad s_k \text{ in m}$$
$$= 1{,}4 \cdot 50 + 9 \cdot 6{,}00^2$$
$$= 394 \text{ cm}^2$$

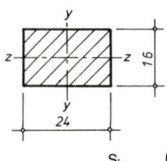

Querschnitt **16/24 cm** mit

$I_y = 18.432 \text{ cm}^4$, $W_y = 1.536 \text{ cm}^3$

$A = 384 \text{ cm}^2$, $i_y = 6{,}93 \text{ cm}$

$$\lambda = \frac{s_{kx}}{i_y} = \frac{600}{6{,}93} = 87 \qquad \omega = 2{,}46$$

$$\sigma = \frac{\omega \cdot F}{A} + \frac{\sigma_D}{\sigma_B} \cdot \frac{M}{W_y}$$

$$= \frac{2{,}46 \cdot 50.000}{384} + 0{,}85 \cdot \frac{900.000}{1.536} = 818 \text{ N/cm}^2 < 850 \text{ N/cm}^2$$

Spreng- und Hängewerke

90. Einfaches Sprengwerk

mit Einzellast

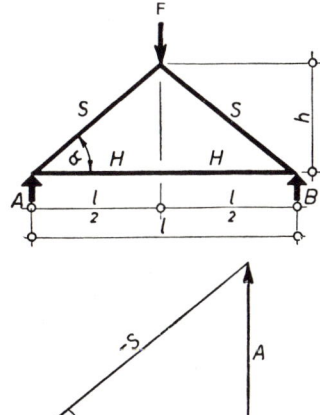

Gegeben: $\ell = 5{,}00$ m, $h = 2{,}00$ m

$F = 100$ kN

Gesucht: Stabquerschnitte

$A = B = 0{,}5 \cdot F$
$= 0{,}5 \cdot 100$
$= 50$ kN

a) Graphische Ermittlung der Stabkräfte
(1 cm entspricht 20 kN)

$S = \;\; -80$ kN

$H \cong \;\; +62{,}5$ kN

b) Rechnerische Ermittlung der Stabkräfte

$$\tan \alpha = \frac{2{,}00}{2{,}50} = 0{,}8$$

$\alpha = 38{,}7°$; $\sin \alpha = 0{,}625$

$$\sin \alpha = \frac{A}{S}; \; S = \frac{A}{\sin \alpha} = \frac{50}{0{,}625} = -80 \text{ kN}$$

$$\tan \alpha = \frac{A}{H}; \; H = \frac{A}{\tan \alpha} = \frac{50}{0{,}8} = +62{,}5 \text{ kN}$$

Querschnittsbemessung

Stab S: $\quad F = -80$ kN, $s_k = \dfrac{h}{\sin \alpha} = \dfrac{2{,}00}{0{,}625} = 3{,}20$ m

Querschnitt geschätzt:

$_{erf}A = 1,4 \cdot S + 9 \cdot s_k^2$; S in kN; s_k in m

$_{erf}A = 1,4 \cdot 80 + 9 \cdot 3,20^2 = 204 \text{ cm}^2$

Querschnitt 14/16 cm mit

$A = 224 \text{ cm}^2, i_z = 4,04 \text{ cm}$

$\lambda = \dfrac{s_k}{i} = \dfrac{320}{4,04} = 79 \qquad \omega = 2,16$

$\sigma_D = \dfrac{\omega \cdot F}{A} = \dfrac{2,16 \cdot 80.000}{224} = 771 \text{ N/cm}^2 < 850 \text{ N/cm}^2$

Stab H: $\quad F = +62,50 \text{ kN} = 62.500 \text{ N}$

Querschnitt 14/14 cm mit

$A = 196 \text{ cm}^2$

$A_{netto} = 10 \cdot 14 = 140 \text{ cm}^2$ (durch Versatz geschwächt)

$\sigma_Z = \dfrac{F}{A_n} = \dfrac{62.500}{140} = 446 \text{ N/cm}^2 < 850 \text{ N/cm}^2$

91. Einfaches Sprengwerk

mit Einzellast und gleichmäßig verteilter Last

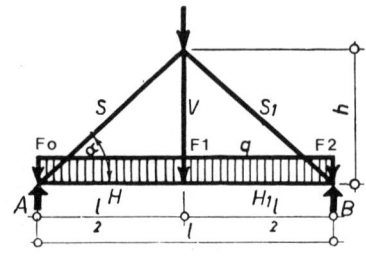

Gegeben: $\ell = 6,00 \text{ m}, h = 2,50 \text{ m}$

$F = 112 \text{ kN}$

$q = 4 \text{ kN/m}$

H-Stab als Durchlaufträger

Gesucht: Stabquerschnitte

$Q = \ell \cdot q = 6,00 \cdot 4 = 24 \text{ kN}$

$A = B = 0,5 \cdot (F + Q)$

$ = 0,5 \cdot (112 + 24)$

$ = 68 \text{ kN} = 68.000 \text{ N}$

Rechnerische Ermittlung der Stabkräfte

$$\tan \alpha = \frac{2h}{\ell} = \frac{2 \cdot 2{,}50}{6{,}00} = 0{,}8333$$

$\alpha = 39{,}8°$, $\sin \alpha = 0{,}64018$

$V = F_1 = 0{,}625 \cdot Q = 0{,}625 \cdot 24 = +15$ kN

$$S = -\frac{F+V}{2 \cdot \sin \alpha}$$

$$= -\frac{112+15}{2 \cdot 0{,}64018} = -99{,}19 \text{ kN}$$

$$H = +\frac{F+V}{2 \cdot \tan \alpha}$$

$$= +\frac{112+15}{2 \cdot 0{,}83333} = +76{,}20 \text{ kN}$$

Querschnittsbemessung
Stab S:

$$F = -99{,}19 \text{ kN}, \; s_k = \frac{h}{\sin \alpha} = \frac{2{,}50}{0{,}64018} = 3{,}90 \text{ m}$$

Querschnitt geschätzt:

$\text{erf } A = 1{,}4 \cdot F + 9 \cdot s_k^2$; F in kN; s_k in m

$\text{erf } A = 1{,}4 \cdot 99{,}19 + 9 \cdot 3{,}90^2 = 276 \text{ cm}^2$

Querschnitt 16/18 cm

mit $A = 288 \text{ cm}^2$, $i_z = 4{,}62$ cm

$$\lambda = \frac{s_k}{i_z} = \frac{390}{4{,}62} = 84 \qquad \omega = 2{,}35$$

$$\sigma_D = \frac{\omega \cdot S}{A} = \frac{2{,}35 \cdot 99{.}190}{288} = 809 \text{ N/cm}^2 < 850 \text{ N/cm}^2$$

Stab H:

$\ell_1 = 3{,}00$ m

$F = +76{,}20$ kN

$M = 0{,}125 \cdot q \cdot (0{,}5 \cdot \ell)^2 = 0{,}125 \cdot 4{.}000 \cdot 3{,}00^2 = 4{.}500$ Nm

Querschnitt 16/16 cm

mit $W_y = 683 \text{ cm}^3$, $A = 256 \text{ cm}^2$, $A_n \cong 0{,}85 \cdot 256 = 218 \text{ cm}^2$

σ am Anschluß des V-Stabes $= \dfrac{F}{A_n} = \dfrac{\text{zul } \sigma_z}{\text{zul } \sigma_B} \cdot \dfrac{M}{W_y}$

$\sigma = \dfrac{76.200}{218} + \dfrac{850}{1.100} \cdot \dfrac{450.000}{683} = 859 \text{ N/cm}^2 \approx \text{zul } \sigma_z$

Stab V:

$F = +15.000 \text{ N}$

Querschnitt **12/16 cm**

mit $A = 192 \text{ cm}^2$, $A_n = 6 \cdot 16 = 96 \text{ cm}^2$

$\sigma_z = \dfrac{F}{A_n} = \dfrac{15.000}{96} = 156 \text{ N/cm}^2 < 850 \text{ N/cm}^2$

92. Einfaches Hängewerk

mit Einzellast

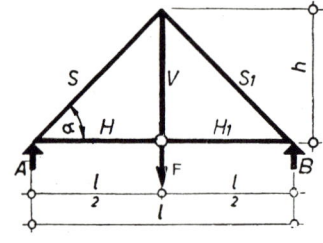

Gegeben: $\ell = 5{,}00 \text{ m}$, $h = 2{,}50 \text{ m}$

$F = 120 \text{ kN}$

Gesucht: Stabquerschnitte

$A = B = 0{,}5 \cdot F = 0{,}5 \cdot 120$

$ = 60 \text{ kN}$

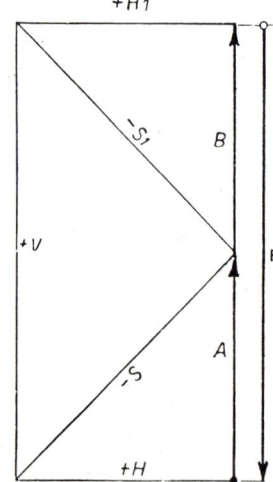

a) Graphische Ermittlung der Stabkräfte

Aus dem Kräfteplan ergeben sich (bei 1 cm Länge = 20 kN):

$S = - 85 \text{ kN}$

$H = + 60 \text{ kN}$

$V = + 120 \text{ kN}$

b) Rechnerische Ermittlung der Stabkräfte

$\alpha = 45°$, $\sin \alpha = 0{,}70711$; $\tan \alpha = 1{,}0$

$\sin \alpha = \dfrac{A}{S}$; $S = \dfrac{A}{\sin \alpha} = \dfrac{60}{0{,}70711} = -85 \text{ kN}$

$\tan \alpha = \dfrac{A}{H}$; $H = \dfrac{A}{\tan \alpha} = \dfrac{60}{1{,}0} = +60 \text{ kN}$

$V = F = +120 \text{ kN}$

Querschnittsbemessung

Stab S: $\quad F = -85 \text{ kN}, \; s_k = \dfrac{h}{\sin \alpha} = \dfrac{2{,}50}{0{,}70711} = 3{,}54 \text{ m}$

Querschnitt geschätzt

$\text{erf } A = 1{,}4 \cdot S + 9 \cdot s_k^2;\ S \text{ in kN};\ s_k \text{ in m}$

$\text{erf } A = 1{,}4 \cdot 85 + 9 \cdot 3{,}54^2 = 232 \text{ cm}^2$

Querschnitt **16/16 cm**

mit $A = 256 \text{ cm}^2,\ i = 4{,}62 \text{ cm}$

$\lambda = \dfrac{s_k}{i} = \dfrac{354}{4{,}62} = 77 \qquad \omega = 2{,}10$

$\sigma_D = \dfrac{\omega \cdot F}{A} = \dfrac{2{,}10 \cdot 85.000}{256} = 697 \text{ N/cm}^2 < 850 \text{ N/cm}^2$

Stab H: $N = + 60 \text{ kN} = 60.000 \text{ N}$

Querschnitt **12/16 cm**

mit $A = 12 \cdot 16 = 192 \text{ cm}^2$

$A_{netto} = 8 \cdot 16 = 128 \text{ cm}^2$

$\sigma_Z = \dfrac{F}{A_n} = \dfrac{60.000}{128} = 469 \text{ N/cm}^2 < 850 \text{ N/cm}^2$

Stab V: $F = + 120 \text{ kN} = 120.000 \text{ N}$

Querschnitt **16/16 cm**

mit $A = 16 \cdot 16 = 256 \text{ cm}^2$

$A_{nutzbar} = 10 \cdot 16 = 160 \text{ cm}^2$ (durch Versätze geschwächt)

$\sigma_Z = \dfrac{F}{A_n} = \dfrac{120.000}{160} = 750 \text{ N/cm}^2 < 850 \text{ N/cm}^2$

93. Doppeltes Sprengwerk

mit Einzellasten

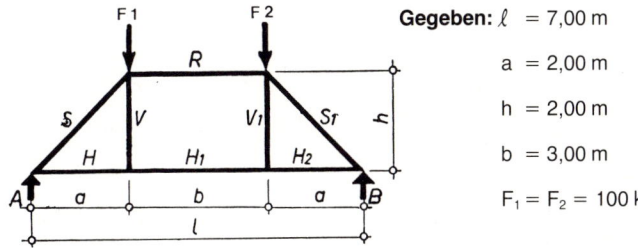

Gegeben: $\ell = 7{,}00 \text{ m}$
$a = 2{,}00 \text{ m}$
$h = 2{,}00 \text{ m}$
$b = 3{,}00 \text{ m}$
$F_1 = F_2 = 100 \text{ kN}$

$A = B = F = 100 \text{ kN}$

Gesucht: Stabquerschnitte

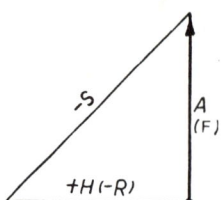

a) Graphische Ermittlung der Stabkräfte

Aus dem Kräfteplan ergeben sich (bei 1 cm Länge = 20 kN)

$S = -141$ kN

$H = +100$ kN

$R = -100$ kN

$V = 0$

b) Rechnerische Ermittlung der Stabkräfte

$\alpha = 45°$, $\sin \alpha = 0{,}70711$; $\tan \alpha = 1{,}0$

$\sin \alpha = \dfrac{A}{S}$; $S = \dfrac{A}{\sin \alpha} = \dfrac{100}{0{,}70711} = -141{,}40$ kN

$\tan \alpha = \dfrac{A}{H}$; $H = \dfrac{A}{\tan \alpha} = \dfrac{100}{1{,}0} = +100$ kN

Querschnittsbemessung

Stab S:

$F = -141{,}4$ kN

$s_k = 2{,}83$ m

Querschnitt geschätzt

$_{\text{erf}} A = 1{,}4 \cdot S + 9 \cdot s_k^2$; S in kN; s_k in m

$_{\text{erf}} A = 1{,}4 \cdot 141{,}40 + 9 \cdot 2{,}83^2 = 270$ cm^2

Querschnitt **16/18 cm**

mit $A = 288$ cm^2, $i_z = 4{,}62$ cm

$\lambda = \dfrac{s_k}{i_z} = \dfrac{283}{4{,}62}$ 5–61 $\quad \omega = 1{,}64$

$\sigma_D = \dfrac{\omega \cdot F}{A} = \dfrac{1{,}64 \cdot 141.400}{288} = 805$ N/cm^2 < 850 N/cm^2

Stab H:

$F = +100$ kN $= 100.000$ N

Querschnitt **16/16 cm**

mit $A = 256$ cm^2

$A_{\text{netto}} = 12 \cdot 16 = 192$ cm^2

$\sigma_Z = \dfrac{F}{A_n} = \dfrac{100.000}{192} = 521$ N/cm^2 < 850 N/cm^2

Stab R:

$F = -100 \text{ kN}$

$s_k = 3{,}00 \text{ m}$

Querschnitt geschätzt

$\text{erf } A = 1{,}4 \cdot R + 9 \cdot s_k^2; \quad R \text{ in kN}; \quad s_k \text{ in m}$

$\text{erf } A = 1{,}4 \cdot 100 + 9 \cdot 3{,}00^2 = 221 \text{ cm}^2$

Querschnitt **16/16 cm**

mit $A = 256 \text{ cm}^2$, $i = 4{,}62 \text{ cm}$

$$\lambda = \frac{s_k}{i} = \frac{300}{4{,}62} = 65 \qquad \omega = 1{,}74$$

$$\sigma_D = \frac{\omega \cdot F}{A} = \frac{1{,}74 \cdot 100.000}{256} = 680 \text{ N/cm}^2 < 850 \text{ N/cm}^2$$

Stab $V = 0$

aus konstruktiven Gründen Querschnitt **14/16 cm**

Unsymmetrische Belastung

Wenn nur **eine** Last von $F_1 = 30 \text{ kN}$ ($F_2 = 0$) vorhanden wäre, dann erhält der Stab H zusätzliche Biegemomente. In einem solchen Fall kann man näherungsweise rechnen:

$$A = \frac{F \cdot (a + b)}{\ell}$$

$$= \frac{30 \cdot 5{,}00}{7{,}00} = 21{,}43 \text{ kN}$$

$$B = \frac{F \cdot a}{\ell} = \frac{30 \cdot 2{,}00}{7{,}00} = 8{,}57 \text{ kN}$$

Diese Belastung wird in 2 Lastfälle zerlegt

Lastfall 1

$$F_1 = F_2 = \frac{F}{2} = \frac{30}{2} = 15 \text{ kN}$$

$$A_1 = B_1 = \frac{F}{2} = \frac{30}{2} = 15 \text{ kN}$$

Lastfall 2

$$F_1' = \frac{F}{2} = \frac{30}{2} = 15 \text{ kN}$$

$$F_2' = \frac{F}{2} = -\frac{30}{2} = -15 \text{ kN}$$

$$A_2 = \frac{F_1'(a+b) - F_2' \cdot a}{\ell}$$

$$= \frac{15 \cdot 5{,}00 - 15 \cdot 2{,}00}{7{,}00}$$

$$= 6{,}43 \text{ kN}$$

$$B_2 = \frac{F_1' \cdot a - F_2' \cdot (a+b)}{\ell}$$

$$= \frac{15 \cdot 2{,}00 - 15 \cdot 5{,}00}{7{,}00}$$

$$= -6{,}43 \text{ kN}$$

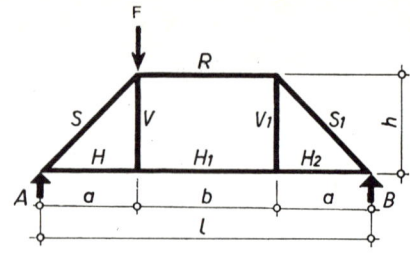

Probe:

$A_1 + A_2 = 15 + 6{,}43 = 21{,}43 \text{ kN} = A$
$B_1 + B_2 = 15 - 6{,}43 = 8{,}57 \text{ kN} = B$

Die Stabkräfte werden rechnerisch ermittelt (sie können natürlich auch hier zeichnerisch bestimmt werden).

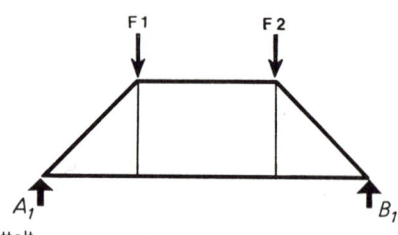

Winkel zwischen S und H

$$\tan \alpha = \frac{V}{H} = \frac{2{,}00}{2{,}00} = 1, \ \alpha = 45°$$

$$H = H_1 = H_2 = \frac{A_1}{\tan \alpha} = \frac{15}{1}$$

$$= +15 \text{ kN (Zug)}$$

$$S = S_1 = \frac{-H}{\cos \alpha} = \frac{-15}{0{,}707}$$

$$= -21{,}23 \text{ kN (Druck)}$$

$R = -H \quad = -15 \text{ kN (Druck)}$

$V = -F_1' = -15 \text{ kN (Druck)}$

$V_1 = -F_2' = +15 \text{ kN (Zug)}$

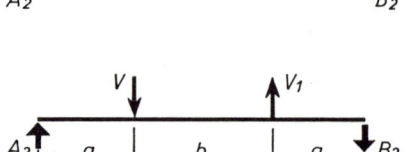

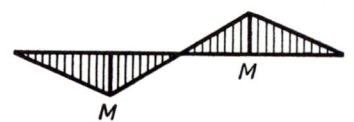

Im Stab $H - H_1 - H_2$ tritt ein Biegemoment auf, dieses beträgt unter den V-Stäben

$$M = A_2 \cdot a = 6{,}43 \cdot 2{,}00 = 12{,}86 \text{ kNm}$$

Der Stab H müßte in diesem Fall stärker gewählt werden.

94. Doppeltes Sprengwerk
mit gleichmäßig verteilter Last

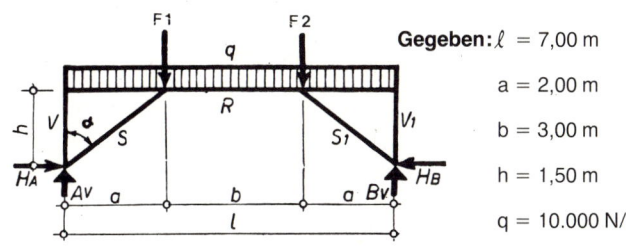

Gegeben: $\ell = 7{,}00$ m

$a = 2{,}00$ m

$b = 3{,}00$ m

$h = 1{,}50$ m

$q = 10.000$ N/m

Bei unsymmetrischer Belastung erhält der Riegel Zusatzmomente ähnlich wie der H-Stab in Beispiel 93

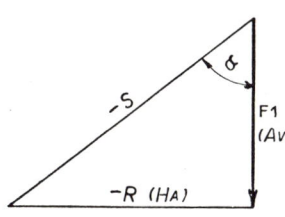

Gesucht: Stabquerschnitte

$Q = \ell \cdot q = 7{,}00 \cdot 10.000 = 70.000$ N

Es wird angenommen, daß sich die Last nur auf die Streben absetzt

Ersatzkräfte $F_1 = F_2 = \dfrac{Q}{2} = \dfrac{70.000}{2} = 35.000$ N

$A = B = \dfrac{Q}{2} = 35.000$ N

$\tan \alpha = \dfrac{a}{h} = \dfrac{200}{150} = 1{,}33 \qquad \alpha = 53{,}13° \qquad \cos \alpha = 0{,}60$

$H_A = H_B = R$

$\tan \alpha = \dfrac{H_A}{F_1}$; $H_A = F_1 \cdot \tan \alpha = 35.000 \cdot 1{,}33 = 46.550$ N

$H_A = H_B = R = 46.550$ N

$\cos \alpha = \dfrac{F_1}{S}$; $S = \dfrac{F_1}{\cos \alpha} = \dfrac{35.000}{0{,}60} = -58.333$ N

Querschnittsbemessung

Stab R:

$F = -46.550$ N, $s_k = 3{,}00$ m

$\max M = \dfrac{q \cdot b^2}{8} = \dfrac{10.000 \cdot 3{,}00^2}{8} = 11.250$ Nm $= 1.125.000$ Ncm

Querschnitt **18/22 cm**

mit $A = 396$ cm^2, $W_y = 1.452$ cm^3, $i_y = 6{,}35$ cm

$$\lambda_y = \frac{s_k}{i} = \frac{300}{6{,}35} = 47, \quad \omega_y = 1{,}36$$

(in z-Richtung durch Decke ausgesteift)

$$\sigma = \frac{\omega \cdot F}{A} + \frac{zul\sigma_D}{zul\sigma_B} \cdot \frac{M}{W_y} = \frac{1{,}36 \cdot 46.500}{396} + \frac{850}{1.000} \cdot \frac{1.125.000}{1.452}$$

$$\sigma = 818 \text{ N/cm}^2 < 850 \text{ N/cm}^2$$

Stab S:

$$F = -58.333 \text{ N}, \quad s_k = 2{,}50 \text{ m}$$

Querschnitt geschätzt

$$\text{erf } A = 1{,}4 \cdot S + 9 \cdot s_k^2; \quad S \text{ in kN}; \quad s_k \text{ in m}$$
$$\text{erf } A = 1{,}4 \cdot 58{,}333 + 9 \cdot 2{,}50^2 = 140 \text{ cm}^2$$

Querschnitt **14/14 cm**

mit $A = 196 \text{ cm}^2$, $i = 4{,}04 \text{ cm}$

$$\lambda = \frac{s_k}{i} = \frac{250}{4{,}04} = 62, \quad \omega = 1{,}67$$

$$\sigma_D = \frac{\omega \cdot F}{A} = \frac{1{,}67 \cdot 58.333}{196} = 497 \text{ N/cm}^2 < 850 \text{ N/cm}^2$$

Stab V:

aus konstruktiven Gründen Querschnitt **14/14 cm**

95. Doppeltes Hängewerk

mit Einzellasten und gleichmäßig verteilter Last

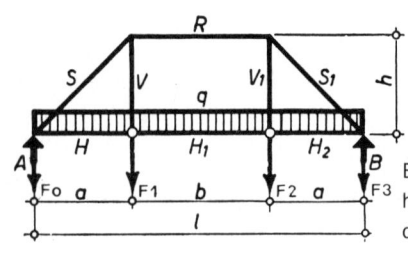

Gegeben: $l = 7{,}00 \text{ m}$
$a = 2{,}00 \text{ m}$
$b = 3{,}00 \text{ m}$
$h = 2{,}00 \text{ m}$
$F_1 = F_2 = 60.000 \text{ N}$
$q = 5.000 \text{ N/m}$

Bei unsymmetrischer Belastung erhält der H-Stab Zusatzmomente wie der H-Stab in Beispiel 93

Gesucht: Stabquerschnitte

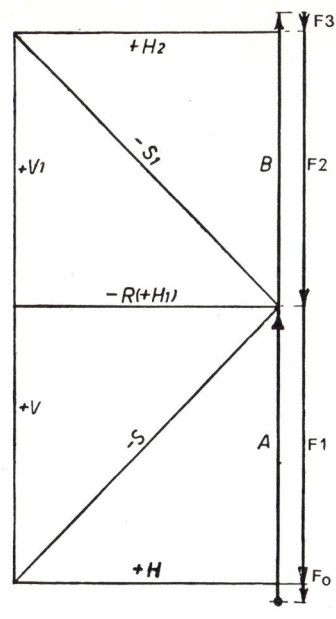

$Q = \ell \cdot q = 7{,}00 \cdot 5.000 = 35.000\,N$

$A = B = F_1 + 0{,}5 \cdot Q =$

$= 60.000 + 0{,}5 \cdot 35.000 = 77.500\,N$

a) Graphische Ermittlung der Stabkräfte

Q muß zu diesem Zweck in Ersatz-Einzellasten aufgeteilt werden:

$F_0 = 0{,}5 \cdot a \cdot q$

$= 0{,}5 \cdot 2{,}00 \cdot 5.000 = 5.000\,N$

$F_1 = 0{,}5 \cdot (a + b) \cdot q$

$= 0{,}5 \cdot 5{,}0 \cdot 5.000 = 12.500\,N$

$F_2 = 0{,}5 \cdot (b + a) \cdot q$

$= 0{,}5 \cdot 5{,}00 \cdot 5.000 = 12.500\,N$

$F_3 = 0{,}5 \cdot a \cdot q$

$= 0{,}5 \cdot 2{,}00 \cdot 5.000 = 5.000\,N$

zus. $35.000\,N$

$\Sigma F_1 = \Sigma F_2 = 60.000 + 12.500 = 72.500\,N$

aus dem Kräfteplan ergeben sich: $S = -\,102.500\,N \quad H = +\,72.500\,N$

$R = -\,72.500\,N \quad V = +\,72.500\,N$

b) Rechnerische Ermittlung der Stabkräfte:

$\alpha = 45°, \quad \sin\alpha = 0{,}70711, \quad \tan\alpha = 1{,}0$

$\sin\alpha = \dfrac{A - F_1}{S}; \quad S = \dfrac{A - F_1}{\sin\alpha} = \dfrac{72.500}{0{,}70711} = -\,102.530\,N$

$\tan\alpha = \dfrac{A - F_1}{H}; \quad H = \dfrac{A - F_1}{\tan\alpha} = \dfrac{72.500}{1{,}0} = +\,72.500\,N$

Querschnittsbemessung
Stab S:

$F = -\,102.500\,N, \quad s_k = 2{,}83\,m$

Querschnitt geschätzt

$_{erf}A = 1{,}4 \cdot S + 9 \cdot s_k^2; \quad S\text{ in kN;} \quad s_k\text{ in mm}$

$_{erf}A = 1{,}4 \cdot 102{,}53 + 9 \cdot 2{,}83^2 = 216\,cm^2$

Querschnitt **16/16 cm**

mit $i = 4{,}62, \quad A = 256\,cm^2$

$$\lambda = \frac{s_k}{i} = \frac{283}{4{,}62} = 61, \quad \omega = 1{,}64$$

$$\sigma_D = \frac{\omega \cdot F}{A} = \frac{1{,}64 \cdot 102.500}{256} = 657 \text{ N/cm}^2 < 850 \text{ N/cm}^2$$

Stab H:

$$F = +72.500 \text{ N} \quad \ell = 3{,}00 \text{ m}$$

$$M = \frac{q \cdot \ell^2}{8} = \frac{5.000 \cdot 3{,}00^2}{8} = 5.625 \text{ Nm} = 562.500 \text{ Ncm}$$

Querschnitt **16/18 cm**

mit $W_y = 864 \text{ cm}^3$

$A = 288 \text{ cm}^2 \quad A_{nutzbar} = 12 \cdot 18 = 216 \text{ cm}^2$

in Stabmitte:

$$\sigma = \frac{F}{A} + 0{,}85 \cdot \frac{M}{W_y} = \frac{72.500}{288} + 0{,}85 \cdot \frac{562.000}{864}$$

$$= 805 \text{ N/cm}^2 < 850 \text{ N/cm}^2$$

am Stabende (Knotenpunkt) ohne Biegung:

$$\sigma_Z = \frac{H}{A_n} = \frac{72.500}{216} = 336 \text{ N/cm}^2$$

Stab R:

$$F = -72.500 \text{ N}, \quad s_k = 3{,}00 \text{ m}$$

Querschnitt geschätzt

$\text{erf } A = 1{,}4 \cdot R + 9 \cdot s_k^2; \quad R \text{ in kN}; \quad s_k \text{ in m}$

$\text{erf } A = 1{,}4 \cdot 72{,}50 + 9 \cdot 3{,}00^2 = 182 \text{ cm}^2$

Querschnitt **16/16 cm**

mit $A = 256 \text{ cm}^2, \quad i = 4{,}62 \text{ cm}$

$$\lambda = \frac{s_k}{i} = \frac{300}{4{,}62} = 65, \quad \omega = 1{,}74$$

$$\sigma_D = \frac{\omega \cdot F}{A} = \frac{1{,}74 \cdot 72.500}{256} = 493 \text{ N/cm}^2 < 850 \text{ N/cm}^2$$

Stab V:

$$F = +72.500 \text{ N}$$

Querschnitt **14/16 cm**

mit $A = 224 \text{ cm}^2 \quad A_{netto} = 8 \cdot 16 = 128 \text{ cm}^2$

$$\sigma_Z = \frac{F}{A_n} = \frac{72.500}{128} = 566 \text{ N/cm}^2 < 850 \text{ N/cm}^2$$

Brettschichtbinder

96. Brettschichtbinder
mit gerader Unterkante

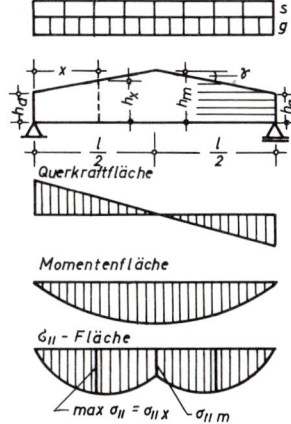

Gegeben: Stützweite $\ell = 18{,}75$ m

Binderabstand $a = 5{,}00$ m

Dachneigung $\gamma \cong 4{,}0°$

Lasten:

Eigengewicht $g = 2.550$ N/m Gfl.

Schnee $s = 3.750$ N/m Gfl.

Gesamtlast $g + s = 6.300$ N/m Gfl.

Gesucht: Abmessungen des Brettschichtträgers, Gk I

Schnittkräfte:

$A = Q = q \cdot \ell/2 \quad = 6.300 \cdot 18{,}75/2 \quad = 59\,063$ N

$M_m = q \cdot \ell^2/8 \quad = 6.300 \cdot 18{,}75^2/8 \quad = 276\,855$ Nm

Vorbemessung:

Trägerbreite gewählt **b = 14 cm**

Trägerhöhe am Auflager aus zul τ

$$\text{erf } h_a = \frac{1{,}5 \cdot \max Q}{b \cdot \text{zul } \tau} = \frac{1{,}5 \cdot 59.063}{14 \cdot 120} = 53 \text{ cm}$$

gewählt: h_a = **53 cm**

Auflagerlänge

$$\text{erf } \ell_a = \frac{A}{b \cdot \text{zul } \sigma_D\perp} = \frac{59.063}{14 \cdot 250} = 16{,}9 \text{ cm}$$

Trägerhöhe am First infolge zul $\sigma_{\parallel}$ an Stelle x

Aus Gleichgewichtsgründen treten an der geneigten Trägeroberkante (Anschnitte) infolge der Längsspannung $\sigma_{\parallel}$ zusätzlich Querdruckspannungen $\sigma_D\perp$ und Schubspannungen τ in Abhängigkeit vom Anschnittwinkel α auf.

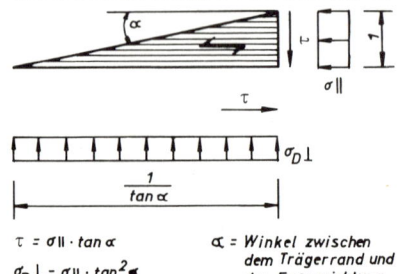

Die Interaktionswirkung der Spannungen wird entsprechend HOLZBAU-STATIK-AKTUELL Folge 5 durch Abmindern der zulässigen Längsspannung $\sigma_{\parallel}$ mit dem Faktor k_D erfaßt!

$\tau = \sigma_{\parallel} \cdot \tan \alpha$

$\sigma_D\perp = \sigma_{\parallel} \cdot \tan^2 \alpha$

α = Winkel zwischen dem Trägerrand und der Faserrichtung

Begrenzung der Anschnittwinkel α

am Druckrand $\quad \alpha \leq 14°$

am Zugrand $\quad \alpha \leq 6°$

Abminderungsfaktor k_D

bei GKl I: $k_D = \dfrac{1}{\sqrt{1 + 34 \cdot \tan^2 \alpha + 32 \cdot \tan^4 \alpha}}$

bei GKl II: $k_D = \dfrac{1}{\sqrt{1 + 21 \cdot \tan^2 \alpha + 20 \cdot \tan^4 \alpha}}$

Tabelle 1 k_D-Werte

Anschnittwinkel α	2,5	3,0	3,5	4,0	4,5	5,0	5,5	6,0	6,5	7,0	8,0	10,0	12,0	14,0
k_D bei GK I	1	0,96	0,94	0,93	0,91	0,89	0,87	0,85	0,83	0,81	0,77	0,69	0,62	0,56
k_D bei GK II	1	0,97	0,97	0,96	0,94	0,93	0,92	0,91	0,89	0,88	0,85	0,77	0,72	0,65

$\text{erf} \tan \alpha = \dfrac{3 \, q \cdot \ell}{4 \, b \cdot h_a \cdot (k_D \cdot \text{zul} \, \sigma_B)} - \dfrac{h_a}{\ell}$

geschätzt: $\alpha = 4° \rightarrow$ aus Tabelle 1: $k_D = 0,93$

$\text{erf} \tan \alpha = \dfrac{3 \cdot 63 \cdot 1875}{4 \cdot 14 \cdot 53 \cdot 0,93 \cdot 1.400} - \dfrac{53}{1875} = 0,0634$

$\text{erf } \alpha = 3,63° < 4°$

$\text{erf } h_m = h_a + 0,5 \cdot \ell \cdot \tan \alpha$

$\qquad = 53 + 0,5 \cdot 1.875 \cdot \tan 3,63° \qquad = 112,5 \text{ cm}$

Trägerhöhe am First infolge Durchbiegung

Abminderungsfaktor η zur Berücksichtigung von Kriechverformungen:

$g \leq 0{,}5\,q \to \eta = 1$

$g > 0{,}5\,q \to \eta = 1{,}5 - \dfrac{g}{q}$

$g = 25{,}5\ \text{N/cm} < 0{,}5 \cdot q = 31{,}5\ \text{N/cm} \to \eta = 1$

Aus Vollast: zul $f = \ell/200 \geqq f_M + f_\tau$

zul $f_{M(q)} = \ell/220$ ($f_\tau \cong 0{,}1 \cdot f_M$)

erf $k_{M(q)} = \dfrac{b \cdot h_a^3}{q \cdot \ell^3}\,\eta \cdot 32.000 = \dfrac{14 \cdot 53^3}{63 \cdot 1.875^3}\,1 \cdot 32.000 = 0{,}1606$

Für $k_M = 0{,}1606$ folgt aus Tafel 1: $h_m/h_a = 2{,}30$

Aus Nutzlast: zul $f = \ell/300 \geqq f_M + f_\tau$

zul $f_{M(p)} = \ell/330$ ($f_\tau \cong 0{,}1 \cdot f_M$)

erf $k_{M(p)} = k_{M(q)}\,\dfrac{2 \cdot q}{3 \cdot p} = 0{,}1606 \cdot \dfrac{2 \cdot 63}{3 \cdot 37{,}5} = 0{,}1799$

Für $k_M = 0{,}1799$ folgt aus Tafel 1: $h_m/h_a = 2{,}20 < 2{,}3$

erf $h_m = 2{,}30 \cdot h_a = 2{,}30 \cdot 53 = 122\ \text{cm}$

Bemessung:

gewählt: **$h_m = 122\ \text{cm}$**

Tafel **Faktoren k_M und k_τ zur Berechnung von Durchbiegungen** k_M, k_τ

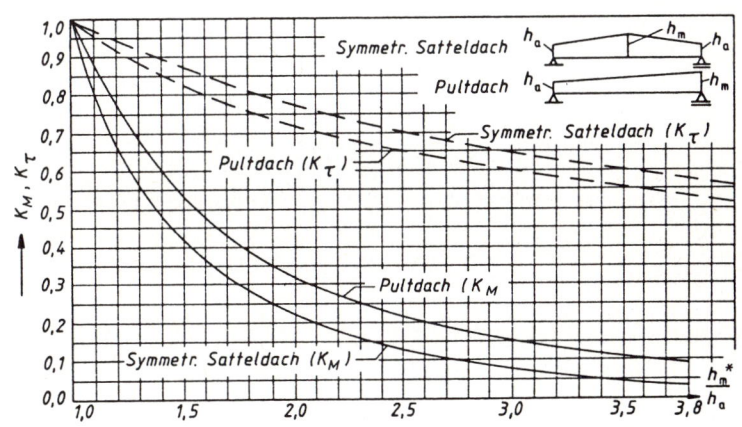

Näherungsformeln für obenstehende Kurven

$$k_\tau = \frac{2}{1 + (h_m/h_a)^{2/3}}$$

$$k_M = \frac{(h_a/h_m)^3}{0,15 + 0,85 \cdot h_a/h_m}$$

Spannungsnachweise

Am Auflager:

$$\tau_Q = 1,5 \cdot \frac{Q}{h_a \cdot b} \qquad = 1,5 \cdot \frac{59.063}{53 \cdot 14} \qquad = 119,4 \text{ N/cm}^2$$

$$< 120 = \text{zul } \tau_Q$$

An der Stelle x (Stelle von max σ_{II}):

$$x = \frac{h_a \cdot \ell}{2\, h_m} \qquad = \frac{53 \cdot 1.875}{2 \cdot 122} \qquad = 407,3 \text{ cm}$$

$$M_x = 0,5 \cdot q \cdot x \cdot (\ell - x) \quad = 0,5 \cdot 63 \cdot 407,3\,(1.875 - 407,3) = 18.830.518 \text{ Ncm}$$

$$h_x = h_a + \frac{h_m - h_a}{0,5 \cdot \ell} \cdot x \quad = 53 + \frac{122 - 53}{0,5 \cdot 1.875} \cdot 407,3 \quad = 83 \text{ cm}$$

$$\sigma_{IIX} = \frac{M_x}{W_x} \qquad = \frac{18.830.518 \cdot 6}{14 \cdot 83^2} \qquad = 1.171,5 \text{ N/cm}^2$$

Anschnittwinkel α

$$\tan \alpha = \frac{h_m - h_a}{0,5 \cdot \ell} = \frac{122 - 53}{0,5 \cdot 1875} = 0,0736; \quad \alpha = 4,2°$$

Abminderungsfaktor für zul σ_B

$$k_D = \frac{1}{\sqrt{1 + 34 \cdot (0,0736)^2 + 32 \cdot (0,0736)^4}} = 0,9186$$

$$\text{zul } \sigma_{II} = k_D \cdot \text{zul } \sigma_B = 0,9186 \cdot 1.400 \qquad = 1.286 \text{ N/cm}^2 > 1.171,5$$

im Firstquerschnitt:

Dachneigung: $\qquad \gamma = \alpha = 4,2°$

Unterkante gerade: $\quad r_m = \infty$

Krümmung: $\qquad 1/\beta = h_m/r_m = 0$

Längsspannungen

$$\max \sigma_{\|} = \kappa_\ell \cdot \frac{M_m}{W_m}$$

Dabei ist

$$\kappa_\ell = 1 + 1{,}4 \cdot \tan\gamma + 5{,}4 \cdot \tan^2\gamma = 1 + 1{,}4 \cdot \tan 4{,}2 + 5{,}4 \cdot \tan^2 4{,}2 = 1{,}132$$

$$\max \sigma_{\|} = 1{,}132 \cdot \frac{27.685.500 \cdot 6}{14 \cdot 122^2} = 902{,}4 \text{ N/cm}^2 < \text{zul } \sigma_B = 1.400$$

Querspannungen

$$\sigma\bot = \kappa_q \cdot \frac{M_m}{W_m}$$

Dabei ist

$$\kappa_q = 0{,}2 \cdot \tan\gamma = 0{,}2 \cdot \tan 4{,}2 = 0{,}0147$$

$$\max \sigma_z\bot = 0{,}0147 \cdot \frac{27\,685\,500 \cdot 6}{14 \cdot 122^2} = 11{,}8 \text{ N/cm}^2 < \text{zul } \sigma_z\bot = 20$$

Durchbiegungsnachweis

Querschnittswerte

$A_a = b \cdot h_a \qquad = 14 \cdot 53 \qquad\qquad = 742 \text{ cm}^2$

$I_a = b \cdot h_a^3/12 \qquad = 14 \cdot 53^3/12 \qquad = 173.689 \text{ cm}^4$

$k_M = \dfrac{(h_a/h_m)^3}{0{,}15 + 0{,}85 \cdot (h_a/h_m)} = \dfrac{(53/122)^3}{0{,}15 + 0{,}85\,(53/122)} = 0{,}157$

$k_\tau = \dfrac{2}{1 + (h_m/h_a)^{2/3}} \qquad = \dfrac{2}{1 + (122/53)^{2/3}} \qquad = 0{,}73$

Abminderungsfaktor zur Berücksichtigung von Kriechverformungen

Wenn $q > 0{,}5\,g$; dann $\eta = 1{,}5 - \dfrac{g}{q}$

$g = 25{,}5 < 0{,}5\,q = 31{,}5 \rightarrow \eta = 1{,}0$

Durchbiegung unter Vollast

$f_M = \dfrac{5 \cdot q \cdot \ell^4}{384 \cdot (\eta \cdot E) \cdot I_a} \cdot k_M = \dfrac{5 \cdot 63 \cdot 1.875^4}{384 \cdot (1 \cdot 1.100.000) \cdot 173.689} \cdot 0{,}157 = 8{,}33 \text{ cm}$

$f_\tau = 1{,}2 \cdot \dfrac{q \cdot \ell^2}{8 \cdot (\eta \cdot G) \cdot A_a} \cdot k_\tau = 1{,}2 \cdot \dfrac{63 \cdot 1.875^2}{8 \cdot (1 \cdot 50.000) \cdot 742} \cdot 0{,}73 = 0{,}65 \text{ cm}$

$\Sigma f_q = f_M + f_\tau \qquad = 8{,}33 + 0{,}65 \qquad = 8{,}98 \text{ cm}$

$\qquad\qquad\qquad\qquad\qquad\qquad\qquad\qquad < \ell/200 = 9{,}375 \text{ cm}$

Durchbiegung unter Verkehrslast

$$\Sigma f_p = \Sigma f_q \cdot \eta \cdot \frac{s}{q} \quad = 8{,}98 \cdot 1 \cdot \frac{37{,}5}{63} \quad = 5{,}35 \text{ cm}$$
$$< \ell/300 = 6{,}25 \text{ cm}$$

Überhöhung   gewählt: **ü = 10 cm**

Kippsicherheitsnachweis (vereinfacht mit $h = h_m$)

$$a \leqq \left[\frac{\pi \cdot \sqrt{E_{II} \cdot G}}{\gamma_k \cdot \text{vorh } \sigma_{II}} \cdot \frac{b}{h} \cdot \sqrt{\frac{1 - 0{,}63 \cdot b/h}{1 - (b/h)^2}} \right] \cdot b$$

Für $\gamma_k = 2{,}5$ wird

$$\text{zul } a = \frac{294.707{,}5}{1.171{,}5} \cdot \frac{14^2}{122} \cdot \sqrt{\frac{1 - 0{,}63 \cdot (14/122)}{1 - (14/122)^2}} = 392 \text{ cm}$$

Näherungsweise:

$$\text{zul } a = \frac{280.000}{\text{vorh } \sigma} \cdot \frac{b^2}{h} = \frac{280.000 \cdot 14^2}{1.171{,}5 \cdot 122} = 384 \text{ cm}$$

97. Brettschichtbinder
mit geneigter Unterkante und veränderlicher Höhe

Bei dieser Trägerform kann nur die Mindestträgerhöhe am Auflager vorab exakt bestimmt werden. Diese dient als Basis für die Wahl von Trägerhöhe und Ausrundung am First.

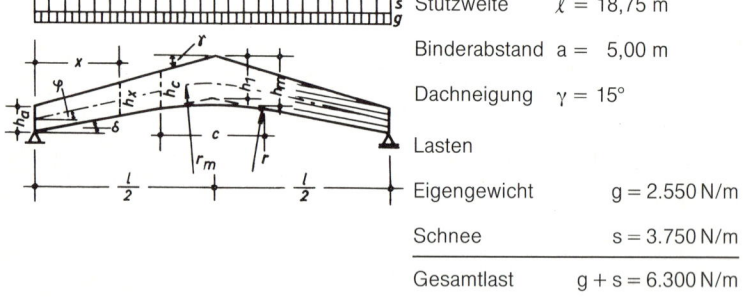

Gegeben: Systemwerte und Belastung entsprechend Beispiel 96

Stützweite $\ell = 18{,}75$ m

Binderabstand $a = 5{,}00$ m

Dachneigung $\gamma = 15°$

Lasten

Eigengewicht $g = 2.550$ N/m

Schnee $s = 3.750$ N/m

Gesamtlast $g + s = 6.300$ N/m

Gesucht: Abmessungen des Brettschichtträgers Gk I

Schnittkräfte

$Q \cong A_v = q \cdot \ell/2 \quad = 6.300 \cdot 18{,}75/2 \quad = 59.063 \text{ N}$

$M_m = q \cdot \ell^2/8 \quad = 6.300 \cdot 18{,}75^2/8 \quad = 276.855 \text{ Nm}$

Bemessung

Trägerbreite: gewählt **b = 14 cm**

Trägerhöhe am Auflager

$$\text{erf } h_a = \frac{1{,}5 \cdot A_v}{b \cdot \text{zul } \tau} = \frac{1{,}5 \cdot 59.063}{14 \cdot 120} = 53 \text{ cm}$$

Auflagerlänge

$$\text{erf } \ell_a = \frac{A_v}{b \cdot \text{zul } \sigma_D\bot} = \frac{59.063}{14 \cdot 250} = 16{,}9 \text{ cm}$$

a) VARIANTE I
First starr aufgeleimt

Höhe am First (ohne Ausrundung)	gew: $h_1 =$ **140 cm**
Ausrundungsradius	gew: **R = 2.850 cm**
Neigung Trägeroberkante	$\gamma = 15°$

Neigung Trägerunterkante

$$\tan \delta = \tan \gamma + 2 \cdot \frac{h_a - h_1}{\ell}$$

$$= \tan 15° + 2 \cdot \frac{53 - 140}{1.875} = 0{,}1751; \quad \delta = 9{,}935°$$

Neigung Trägerschwerachse

$$\varphi = 0{,}5 \, (\gamma + \delta) = 0{,}5 \, (15 + 9{,}935) = 12{,}468°$$

Ausrundungsbereich

$$c = 2 \, r \cdot \sin \delta = 2 \cdot 2.850 \cdot \sin 9{,}935° = 983{,}5 \text{ cm}$$

Gesamthöhe am First

$$h_m = h_1 + 0{,}5 \cdot c \cdot \tan \delta + r \, (\cos \delta - 1)$$

$$h_m = 140 + 0{,}5 \cdot 983{,}5 \cdot 0{,}1751 + 2.850 \, (\cos 9{,}935 - 1) = 183{,}4 \text{ cm}$$

Spannungsnachweise

an der Stelle x (Stelle von max σ_B)

$$x = \ell \cdot \frac{h_a}{2h_1} = 1.875 \cdot \frac{53}{2 \cdot 140} = 354{,}9 \text{ cm}$$

$$M_x = 0{,}5 \cdot q \cdot x \cdot (\ell - x) = 0{,}5 \cdot 63 \cdot 354{,}9 \cdot (1.875 - 354{,}9) = 16.993.730 \text{ Ncm}$$

$$h_x = h_a \left(2 - \frac{h_a}{h_1}\right) = 53 \left(2 - \frac{53}{140}\right) \cong 86 \text{ cm}$$

$$\max \sigma_{\|x} = \frac{M_x}{W_x} = \frac{16.993.730 \cdot 6}{14 \cdot 86^2} = 984{,}7 \text{ N/cm}^2$$

Entsprechend Beispiel 96 treten auch hier an der Trägeroberkante (Anschnitte) infolge der Längsspannung $\sigma_\|$ zusätzlich Querdruckspannungen $\sigma_D\bot$ und Schubspannungen τ_Q in Abhängigkeit vom Anschnittwinkel α auf. Für $\alpha > 3°$ muß zul σ_B mit dem Faktor k_D abgemindert werden.

Anschnittwinkel $\alpha = \gamma - \delta = 15 - 9{,}935 = 5{,}065° \approx 5{,}1° > 3°$

Abminderungsfaktor für zul σ_B

$$k_D = \frac{1}{\sqrt{1 + 34 \cdot \tan^2 \alpha + 32 \cdot \tan^4 \alpha}}$$

$$k_D = \frac{1}{\sqrt{1 + 34 \cdot (\tan 5{,}1)^2 + 32 \cdot (\tan 5{,}1)^4}} = 0{,}886$$

zul $\sigma_\| = k_D \cdot$ zul $\sigma_B = 0{,}886 \cdot 1\,400 = 1\,240 \text{ N/cm}^2 > 984{,}7$

im Firstquerschnitt

$h_m = 183{,}4 \text{ cm}$

$r_m = 2.850 + 0{,}5 \cdot 183{,}4$

$r_m = 2.941{,}7 \text{ cm}$

$\gamma = 15° < \gamma_{max} = 20°$

Längsspannungen am unteren Trägerrand

$$\max \sigma_\| = \kappa_\ell \cdot \frac{M_m}{W_m}$$

Dabei ist

$$\kappa_\ell = A_\ell + B_\ell \left(\frac{h_m}{r_m}\right) + C_\ell \left(\frac{h_m}{r_m}\right)^2 + D_\ell \left(\frac{h_m}{r_m}\right)^3$$

mit $A_\ell = 1 + 1{,}4 \cdot \tan \gamma + 5{,}4 \cdot \tan^2 \gamma$

$B_\ell = 0{,}35 - 8 \cdot \tan \gamma$

$C_\ell = 0{,}6 + 8{,}3 \cdot \tan \gamma - 7{,}8 \cdot \tan^2 \gamma$

$D_\ell = 6 \cdot \tan^2 \gamma$

$\dfrac{h_m}{r_m} = \dfrac{183{,}4}{2.941{,}7} = 0{,}0623$

$\gamma = 15°$

$\kappa_\ell = 1{,}66$

$\max \sigma_{\|} = 1{,}66 \cdot \dfrac{27.685.500 \cdot 6}{14 \cdot 183{,}4^2} = 585{,}6 \text{ N/cm}^2 < 1.400$

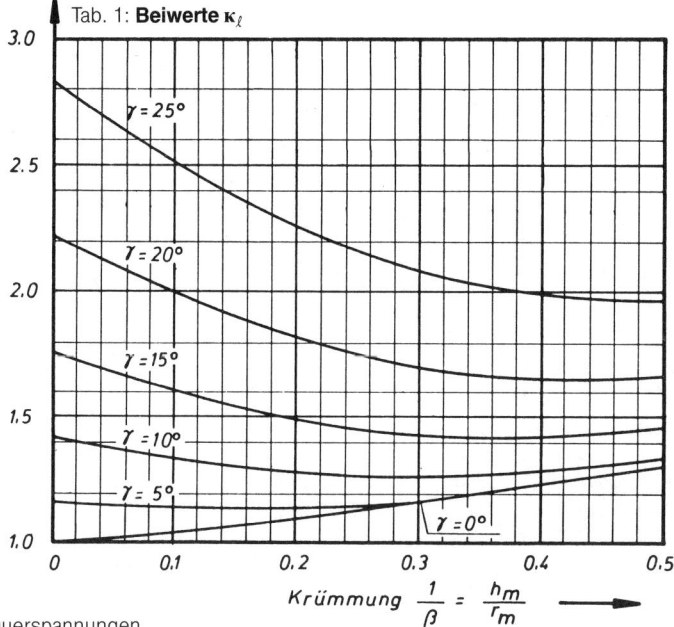

Tab. 1: **Beiwerte κ_ℓ**

Krümmung $\dfrac{1}{\beta} = \dfrac{h_m}{r_m}$

Querspannungen

$$\max \sigma\bot = \kappa_q \cdot \dfrac{M_m}{W_m}$$

Dabei ist

$$\kappa_q = A_q + B_q \left(\dfrac{h_m}{r_m}\right) + C_q \left(\dfrac{h_m}{r_m}\right)^2$$

mit

$A_q = 0{,}2 \cdot \tan\gamma$

$B_q = 0{,}25 - 1{,}5 \cdot \tan\gamma + 2{,}6 \cdot \tan^2\gamma$

$$C_q = 2{,}1 \cdot \tan\gamma - 4 \tan^2\gamma$$

$$\kappa_q = 0{,}0568$$

$$\max \sigma_z\bot = 0{,}0568 \cdot \frac{27.685.500}{78.483} = 20 \text{ N/cm}^2 = \text{zul } \sigma_z\bot$$

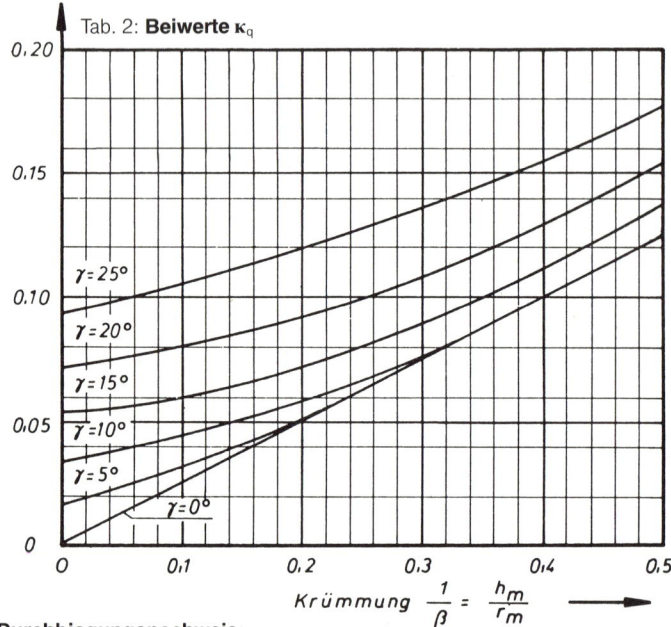

Tab. 2: **Beiwerte κ_q**

Durchbiegungsnachweis:

Querschnittswerte

$$A_a = b \cdot h_a \quad = 14 \cdot 53 \quad = 742 \text{ cm}^2$$

$$I_a = \frac{b \cdot h_a^3}{12} = \frac{14 \cdot 53^3}{12} = 173.690 \text{ cm}^4$$

$$k_M = \frac{(h_a/h_1)^3}{0{,}15 + 0{,}85\,(h_a/h_1)} = \frac{(53/140)^3}{0{,}15 + 0{,}85\,(53/140)} = 0{,}115$$

$$k_\tau = \frac{2}{1 + (h_1/h_a)^{2/3}} = \frac{2}{1 + (140/53)^{2/3}} = 0{,}687$$

Abminderungsfaktor zur Berücksichtigung von Kriechverformungen

$$g \leq 0{,}5\,q \rightarrow \eta = 1$$

$$g > 0{,}5\,q \rightarrow \eta = 1{,}5 - \frac{g}{q}$$

$$g = 25{,}5 \text{ N/cm} < 0{,}5 \cdot q = 31{,}5 \text{ N/cm} \rightarrow \eta = 1$$

Durchbiegung unter Vollast

$$\ell_s = \frac{\ell}{\cos \varphi} = \frac{1.875}{\cos 12,468°} = 1.920 \text{ cm}$$

$$f_M = \frac{5 \cdot q \cdot \ell^3 \cdot \ell_s}{384 \cdot \eta \cdot E \cdot I_a} \cdot k_M$$

$$= \frac{q \cdot \ell^3 \cdot \ell_s}{8,448 \cdot 10^7 \cdot \eta \cdot I_a} \cdot k_M = \frac{63 \cdot 1.875^3 \cdot 1.920}{8,448 \cdot 10^7 \cdot 1 \cdot 173\,690} \cdot 0,115 = 6,25 \text{ cm}$$

$$f_\tau = \frac{1,2 \cdot q \cdot \ell^2}{8 \cdot \eta \cdot G \cdot A_a} \cdot k_\tau$$

$$= \frac{3 \cdot 10^{-6} \cdot q \cdot \ell^2}{\eta \cdot A_a} \cdot k_\tau = \frac{3 \cdot 10^{-6} \cdot 63 \cdot 1.875^2}{1 \cdot 742} \cdot 0,687 = 0,62 \text{ cm}$$

$$\Sigma f_q = f_M + f_\tau \qquad = 6,25 + 0,62 \qquad = 6,87 \text{ cm}$$

$$< \ell/200 = 9,375 \text{ cm}$$

Durchbiegung unter Verkehrslast

$$\Sigma f_p = \Sigma f_q \cdot \eta \cdot \frac{p}{q} \qquad = 6,87 \cdot 1 \cdot \frac{37,5}{63} \qquad = 4,09 \text{ cm}$$

$$< \ell/300 = 6,25 \text{ cm}$$

Überhöhung: gewählt   **ü = 5,0 cm**

Horizontalverschiebung am beweglichen Auflager

$$\Delta H \approx \frac{4 \cdot t}{\ell} \cdot f_q \qquad \approx 2 \cdot \sin \varphi \cdot f_q$$

$$\approx 2 \cdot \sin 12,468 \cdot 6,87 \qquad = 3,0 \text{ cm}$$

Kippsicherheitsnachweis

Exakter Nachweis: siehe Beispiel 96

Näherungsweise

$$\text{zul } a = \frac{280.000 \cdot b^2}{\text{vorh } \sigma \cdot h} = \frac{280.000 \cdot 14^2}{984,7 \cdot 183,4} = 304 \text{ cm}$$

b) VARIANTE II
First lose aufgesattelt

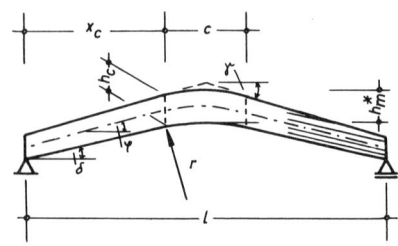

Höhe am First (ohne Ausrundung)   gew: $h_1 = 130$ cm

Ausrundungsradius   gew: $R = 1.300$ cm

Neigung Trägeroberkante $\gamma = 15°$

Neigung Trägerunterkante

$$\tan \delta = \tan 15° + 2 \cdot \frac{53 - 130}{1.875} = 0{,}1858 \rightarrow \delta = \mathbf{10{,}5264°}$$

Neigung Trägerschwerachse

$\varphi = 0{,}5 \, (\gamma + \delta) = 0{,}5 \, (15 + 10{,}5264) = 12{,}7632°$

Ausrundungsbereich

$c = 2 \cdot r \cdot \sin \delta \quad\quad = 2 \cdot 1.300 \cdot \sin 10{,}5264 \quad = 475$ cm

Höhe am Ausrundungsbeginn (vertikal)

$h_c = h_a + x_c \, (\tan \gamma - \tan \delta)$

$\quad = 53 + 0{,}5 \cdot (1.875 - 475) \cdot (\tan 15 - \tan 10{,}5264) = 110{,}5$ cm

Höhe im Ausrundungsbereich

$h_m^* = h_c \cdot \cos \delta \quad\quad = 110{,}5 \cdot \cos 10{,}5264 \quad = 108{,}6$ cm

$r_m^* = r + 0{,}5 \cdot h_m^* \quad\quad = 1.300 + 0{,}5 \cdot 108{,}6 \quad = 1.354{,}3$ cm

$\beta^* = r_m^*/h_m^* \quad\quad = 1.354{,}3/108{,}6 \quad = 12{,}47$

Spannungsnachweise

an der Stelle x   (Stelle von max σ_B)

$$x = \ell \cdot \frac{h_a}{2 \cdot h_1} = 1.875 \cdot \frac{53}{2 \cdot 130} = 382{,}2 \text{ cm}$$

$$M_x = 0{,}5 \cdot q \cdot x \cdot (\ell - x) = 0{,}5 \cdot 63 \cdot 382{,}2 \cdot (1.875 - 382{,}2) = 17.972.267 \text{ Ncm}$$

$$h_x = h_a \left(2 - \frac{h_a}{h_1}\right) = 53 \left(2 - \frac{53}{130}\right) = 84{,}4 \text{ cm}$$

$$\max \sigma_{\|x} = \frac{M_x}{W_x} = \frac{17.972.267 \cdot 6}{14 \cdot 84{,}4^2} = 1.081{,}3 \text{ N/cm}^2$$

Anschnittwinkel $\quad \alpha = \gamma - \delta = 15 - 10{,}5264 = 4{,}4736° \approx 4{,}5° > 3°$

Abminderungsfaktor für zul σ_B

$$k_D = \frac{1}{\sqrt{1 + 34 \cdot \tan^2 \alpha + 32 \cdot \tan^4 \alpha}} = \frac{1}{\sqrt{1 + 34 (\tan 4{,}5)^2 + 32 (\tan 4{,}5)^4}} = 0{,}908$$

zul $\sigma_\| = k_D \cdot$ zul $\sigma_B = 0{,}908 \cdot 1.400 = 1.271 \text{ N/cm}^2 > 1.081{,}3$

im Firstquerschnitt

Längsspannungen am äußeren Trägerrand

$$\sigma_\| = \frac{M_m}{W_m^*} = \frac{27.685.500 \cdot 6}{14 \cdot 108{,}6^2} = 1.006 \text{ N/cm}^2 < 1.400$$

Längsspannungen am inneren Trägerrand

$$\max \sigma_\| = \kappa_\ell \cdot \frac{M_m}{W_m^*}$$

mit $\kappa_\ell = 1 + 0{,}35 \left(\dfrac{h_m^*}{r_m^*}\right) + 0{,}6 \cdot \left(\dfrac{h_m^*}{r_m^*}\right)^2$

$$= 1 + \frac{0{,}35}{\beta^*} + \frac{0{,}6}{\beta^{*2}} = 1 + \frac{0{,}35}{12{,}47} + \frac{0{,}6}{12{,}47^2} = 1{,}032$$

$\max \sigma_\| = 1{,}032 \cdot 1.006 = 1.038 \text{ N/cm}^2 < 1.400$

Querspannungen

$$\max \sigma_m \bot = \kappa_q \cdot \frac{M_m}{W_m}$$

$$= \frac{1}{4\beta^*} \cdot \frac{M_m}{W_m^*} = \frac{1}{4 \cdot 12{,}47} \cdot 1.006 = 20{,}2 \, \frac{\text{N}}{\text{cm}^2}$$

$$\approx \text{zul } \sigma\bot = 20 \text{ N/cm}^2$$

Vertikale Durchbiegung

Die Berechnung erfolgt am Ersatzträger mit konstanter Höhe

Querschnittswerte

$$A_a = b \cdot h_a = 14 \cdot 53 = 742 \text{ cm}^2$$

$$k_\tau \cong \frac{2}{1 + (h_1/h_a)^{2/3}} = \frac{2}{1 + (130/53)^{2/3}} = 0{,}71$$

Vergleichsträgheitsmoment I_c nach DIN 4114, Bl.2, Ri 7,6

Vorwerte:

$$v = \left(\frac{h_a}{h_m^*}\right)^{3/2} = \left(\frac{53}{108{,}6}\right)^{3/2} = 0{,}341 > 0{,}1$$

$$\frac{s_1}{s} = \frac{c}{\ell} = \frac{475}{1.875} = 0{,}2533 < 0{,}5$$

$$c = 0{,}17 + 0{,}33 \cdot v + 0{,}5 \cdot \sqrt{v} + \frac{s_1}{s}(0{,}62 + \sqrt{v} - 1{,}62 \cdot v) = 0{,}74$$

Vergleichsträgheitsmoment

$$I_c = c \cdot I_m^* = 0{,}74 \cdot (14 \cdot 108{,}6^3/12) = 1.105.778 \text{ cm}^4$$

Abminderungsfaktor zur Berücksichtigung von Kriechverformungen

$\eta = 1$ (siehe Variante I)

Durchbiegung unter Vollast

$$\ell_s = \frac{\ell - 2 \cdot r_m^* \cdot \sin\delta}{\cos\varphi} + r_m^* \cdot \pi \cdot \frac{\delta}{90}$$

$$= \frac{1.875 - 2 \cdot 1354 \cdot \sin 10{,}5264}{\cos 12{,}7632} + 1.354 \cdot \pi \cdot \frac{10{,}5264}{90} = 1.913 \text{ cm}$$

$$f_M = \frac{q \cdot \ell^3 \cdot \ell_s}{8{,}448 \cdot 10^7 \cdot \eta \cdot I_c} = \frac{63 \cdot 1.875^3 \cdot 1.913}{8{,}448 \cdot 10^7 \cdot 1 \cdot 1.105.778} = 8{,}50 \text{ cm}$$

$$f_\tau = \frac{3 \cdot 10^{-6} \cdot q \cdot \ell^2}{\eta \cdot A_a} \cdot k_\tau = \frac{3 \cdot 10^{-6} \cdot 63 \cdot 1.875^2}{1 \cdot 742} \cdot 0{,}71 = 0{,}64 \text{ cm}$$

$$\Sigma f_q = f_M + f_\tau = 8{,}5 + 0{,}64 = 9{,}14 \text{ cm}$$

$$< \ell/200 = 9{,}375 \text{ cm}$$

Durchbiegung unter Verkehrslast

$$\Sigma f_p = \Sigma f_q \cdot \eta \cdot \frac{p}{q} = 9{,}14 \cdot 1 \cdot \frac{37{,}5}{63} = 5{,}44 \text{ cm}$$

$$< \ell/300 = 6{,}25 \text{ cm}$$

Überhöhung   gewählt   **ü = 7 cm**

Horizontalverschiebung am beweglichen Auflager

$$\Delta h \approx 2 \cdot \sin \varphi \cdot f_q = 2 \cdot \sin 12{,}7632 \cdot 9{,}14 = 4{,}04 \text{ cm}$$

Kippsicherheitsnachweis:

Näherungsweise

$$\text{zul } a = \frac{280.000 \cdot b^2}{\text{vorh } \sigma \cdot h} = \frac{280.000 \cdot 14^2}{1.081{,}3 \cdot 108{,}6} = 467 \text{ cm}$$

Fundamente

98. Unbewehrtes Streifenfundament

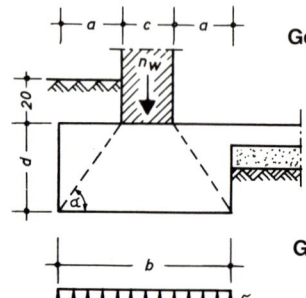

Gegeben: Fundament mittig unter Wand

Auflast $n_w = 220$ kN/m

Wanddicke $c = 30$ cm

zul. Bodenpressung zul $\sigma_0 = 200$ kN/m²

Betonfestigkeitsklasse B 15, $\gamma_B = 24$ kN/m³

Gesucht: Fundamentabmessungen

Vorbemessung:

Fundamenthöhe geschätzt: $d = 0{,}50$ m

Fundamentbreite

$$\text{erf } b = \frac{n_w}{\text{zul } \sigma_0 - d \cdot \gamma_B}$$

$$= \frac{220}{200 - 0{,}5 \cdot 24} = 1{,}17 \text{ m}$$

Mindestfundamenthöhe

erf $d = a \cdot n$

$= 0{,}5 \, (1{,}17 - 0{,}3) \cdot 1{,}3 = 0{,}57$

n-Werte für Lastausbreitung

Bodenpressung σ_0 in kN/m² $\leq$	100	200	300	400	500
B 5	1,6	2,0	2,0	unzulässig	
B 10	1,1	1,6	2,0	2,0	2,0
B 15	1,0	1,3	1,6	1,8	2,0
B 25	1,0	1,0	1,2	1,4	1,6
B 35	1,0	1,0	1,0	1,2	1,3

Bemessung

Fundamentabmessung:

gewählt: **b/d = 1,20/0,60 m**

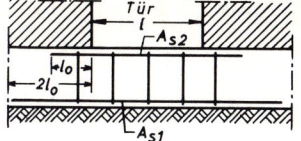

Bodenpressung:

$$\sigma_0 = \frac{n_w}{b \cdot 1} + d \cdot \gamma_B$$

$$= \frac{220}{1,20} + 0,6 \cdot 24 = 197,7 \text{ kN/m}^2 < 200$$

Konstruktiver Hinweis:

Für das Streifenfundament wird bei unterbrochener Belastung (Tür- bzw. Fensterbereich) eine konstruktive Zusatzbewehrung erforderlich.

Bemessungsmomente

für die untere Längsbewehrung: $m_1 = \dfrac{\sigma_0 \cdot \ell^2}{10}$

für die obere Längsbewehrung: $m_2 = \dfrac{\sigma_0 \cdot \ell^2}{16}$

99. Einzelfundament

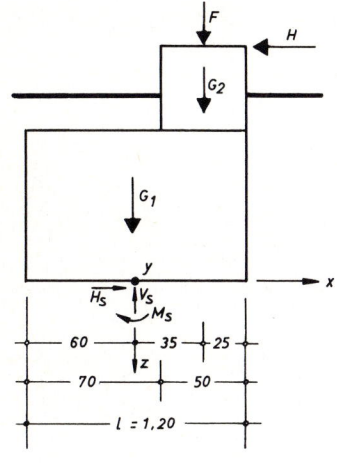
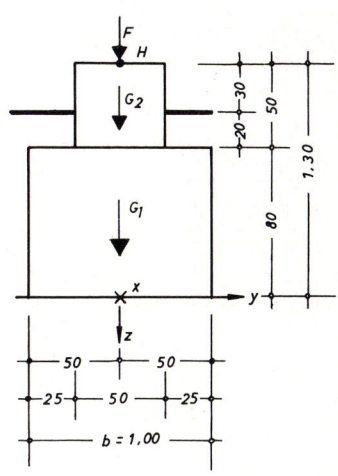

Gegeben: Fundament nach Skizze

Baugrund: weitgestufter Kies (GW), mittlere Lagerungsdichte
innerer Reibungswinkel $\varphi^I = 32{,}5°$ (siehe DIN 1055, T 2)
Lasten: Lastfall 1 (ständige Lasten)
$F = 100$ kN; $H = 45$ kN
Lastfall 2 (ständige Last + Wind)
$F = 95$ kN; $H = 47{,}5$ kN

Gesucht: Standsicherheitsnachweise und Bodenpressung

Fundamenteigengewicht:

$G_1 = 0{,}8 \cdot 1{,}0 \cdot 1{,}2 \cdot 25 = 24{,}0$ kN

$G_2 = 0{,}5 \cdot 0{,}5 \cdot 0{,}5 \cdot 25 = 3{,}1$ kN

Standsicherheitsnachweise

Lastfall 1: Ständige Lasten

Lasten	V_s	e_x	H_s	e_z	M_s
G_1	24,0	0			0
G_2	3,1	0,35			1,1
F	100,0	0,35			35,0
H			45	−1,30	−58,5
zus.:	127,1		45		−22,4

Die aus den ständigen Lasten resultierende Kraft muß die Sohlfläche im Kern schneiden, so daß keine klaffende Fuge auftritt; ($e \le \ell/6$)!

$e_x = \left| \dfrac{M}{V} \right| = \dfrac{22{,}4}{127{,}1} = 0{,}176$ m $< \ell/6 = 0{,}200$ m

$\ell^I = \ell - 2e = 1{,}20 - 2 \cdot 0{,}176 = 0{,}848$ m

Lastfall 2: Gesamtlast

Lasten	V_s	e_x	H_s	e_z	M_s
G_1	24,0	0			0
G_2	3,1	0,35			1,0
F	95,0	0,35			33,25
H			47,5	−1,30	−61,75
zus.:	122,1		47,5		−27,5

Die aus der Gesamtlast resultierende Kraft darf ein Klaffen der Sohlfuge verursachen, und zwar höchstens bis zum Sohlflächenschwerpunkt; (e ≤ $\ell/3$)!

$$e_x = \left| \frac{M}{V} \right| = \frac{27{,}5}{122{,}1} = 0{,}225 \text{ m} < \ell/3 = 0{,}40 \text{ m}$$

$$\ell' = \ell - 2e = 1{,}20 - 2 \cdot 0{,}225 = 0{,}75 \text{ m}$$

Gleitsicherheit: $\eta_g = \dfrac{V \cdot \tan \delta_s + E_{pr}}{H}$

Erdwiderstand wird nicht angesetzt: $E_{pr} = 0$

Ortbetonfundament: Sohlreibungswinkel $\delta_s = \varphi' = 32{,}5°$

Lastfall 1: $\eta_g = \dfrac{127{,}1 \cdot \tan 32{,}5°}{45} = 1{,}80 > 1{,}5$

Lastfall 2: $\eta_g = \dfrac{122{,}1 \cdot \tan 32{,}5°}{47{,}5} = 1{,}64 > 1{,}5$

Bodenpressungen: $\sigma = \dfrac{V}{\ell' \cdot b} \leq \text{zul } \sigma$

Zulässige mittlere Bodenpressung: siehe DIN 1054, Abschn. 4.2.1
Bodenart: Nichtbinder Baugrund
Bauwerk: setzungsunempfindlich
Einbindetiefe: $t = 1{,}0$ m

Da die vorh. Einbindetiefe

$$t = 1{,}0 \text{ m} > 1{,}4 \cdot b \cdot \frac{H}{V} = 1{,}4 \cdot 1{,}0 \cdot \frac{45}{127{,}1} = 0{,}50 \text{ m}$$

und der maßgebende Grundwasserspiegel **nicht** höher als die Fundamentsohle liegt, darf die zulässige Bodenpressung aus den Werten der Tabelle 2, DIN 1054 ermittelt werden!

Tabellenwert	zul $\sigma = 370$ kN/m²
Erhöhungsfaktor für Rechteckfundament	$= 1{,}2$
Abminderungsfaktor wegen Horizontallasten	$= \left(1 - \dfrac{H}{V}\right)^2$

Mittlere Bodenpressungen:

Lastfall 1:

$$\text{vorh } \sigma = \frac{V}{\ell' \cdot b} = \frac{127{,}1}{0{,}848 \cdot 1{,}0} = 150 \text{ kN/m}^2$$

$$\text{zul } \sigma = 1{,}2 \cdot \left(1 - \frac{45}{127{,}1}\right)^2 \cdot 370 = 185 \text{ kN/m}^2 > 150$$

Lastfall 2:

vorh $\sigma = \dfrac{V}{\ell' \cdot b} = \dfrac{122,1}{0,75 \cdot 1,0} = 163 \text{ kN/m}^2$

zul $\sigma = 1,2 \left(1 - \dfrac{47,5}{122,1}\right)^2 \cdot 370 = 165,7 \text{ kN/m}^2 > 163$

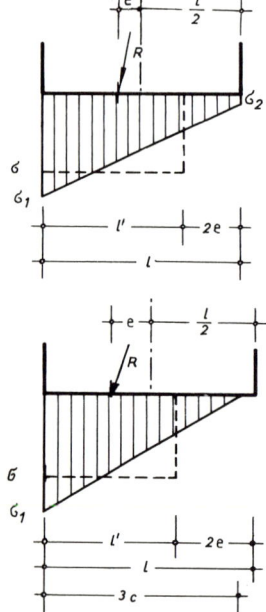

Kantenpressungen:

Lastfall 1:

$\sigma_{1,2} = \dfrac{V}{\ell \cdot b} \left(1 \pm \dfrac{6 \cdot e}{\ell}\right)$

$\sigma_1 = \dfrac{127,1}{1,2 \cdot 1} \left(1 + \dfrac{6 \cdot 0,176}{1,2}\right) = 199,1 \text{ kN/m}^2$

$\sigma_2 = \dfrac{127,1}{1,2 \cdot 1} \left(1 - \dfrac{6 \cdot 0,176}{1,2}\right) = 12,7 \text{ kN/m}^2$

Lastfall 2:

$\sigma_K = \dfrac{2 \cdot V}{3 \cdot c \cdot b}$

$c = 0,5 \cdot \ell' = 0,5 \cdot 0,7 = 0,375 \text{ m}$

$\sigma_K = \dfrac{2 \cdot 122,1}{3 \cdot 0,375} = 217,1 \text{ kN/m}^2$

Bemessungsschnitte für Fundamentbewehrung

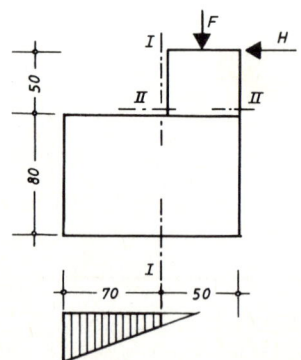

Bewehrung der Fundamentsohle

Bodenpressungen ohne Fundamenteigengewicht (für Lastfall 2)

an der Kante: $\sigma_K = 217{,}1 - 25 \cdot 0{,}8 = 197{,}1$ kN/m²

im Schnitt I − I: $\sigma_{I-I} = 217{,}1 \cdot \dfrac{42{,}5}{120} - 25 \cdot 0{,}8 = 56{,}9$ kN/m²

Schnittgrößen:

$M_{I-I} = 56{,}9 \cdot 0{,}7^2/2$ $= 13{,}9$ kNm

$(197{,}1 - 56{,}9) \cdot 0{,}7^2/6 = 11{,}4$ kNm

$\phantom{(197{,}1 - 56{,}9) \cdot 0{,}7^2/6 =\ } 25{,}3$ kNm

$Q_{I-I} = 0{,}5 \cdot (56{,}9 + 197{,}1) = 127{,}0$ kN

Biegebemessung:

Baustoffe: **B15, Bst 500/550**

$$m_s = \frac{M_s}{b \cdot h^2 \cdot \beta_R} = \frac{25{,}39}{1{,}0 \cdot 0{,}75^2 \cdot 10.500} = 0{,}0043$$

nach Tafel 1.4, H 220, Deutscher Ausschuß für Stahlbeton

Bewehrungsgrad: $\mu_M = 0{,}025$ %

erf $A_s = \dfrac{0{,}025}{100} \cdot 100 \cdot 75 = 1{,}88$ cm²

gew: **Matte R 188**   vorh $A_s = 1{,}88$ cm²

Sockelbewehrung

Schnittgrößen:

$N = -95{,}0$ kN

$Q = 47{,}5$ kN

$M = 47{,}5 \cdot 0{,}5 = 23{,}75$ kNm

Biegebemessung

Baustoffe: **B 15, Bst 420/500**

$M_s = 23{,}75 - (-95{,}0 \cdot 0{,}20) = 42{,}75$ kNm

$$m_s = \frac{M_s}{b \cdot h^2 \cdot \beta_R} = \frac{42{,}75}{0{,}50 \cdot 0{,}45^2 \cdot 10.500} = 0{,}04$$

nach Tafel 1.3, H 220, Deutscher Ausschuß für Stahlbeton

Bewehrungsgrad: $\mu_M = 0{,}19\,\%$

$$\text{erf } A_s = \frac{0{,}19}{100} \cdot 50 \cdot 45 + \frac{1}{24} \cdot (-95{,}0)$$

$$= 4{,}27 - 3{,}95 = 0{,}31 \text{ cm}^2$$

gew.: **2 ⌀ 12 + 2 Montageeisen ⌀ 12**

vorh $A_s = 2{,}3$ cm²

Schubbemessung:

$$\tau_0 = \frac{Q}{b_0 \cdot z} = \frac{47{,}5}{0{,}50 \cdot 0{,}94 \cdot 0{,}45} = 225 \text{ kN/m}^2 < 500 \text{ kN/m}^2$$

(Schubbereich 1)

erf $a_{s,\,bü} = 16{,}66 \cdot 0{,}225 \cdot 0{,}5 = 1{,}88$ cm²/m

Konstr. gew: **Bü ⌀ 6, $s_{Bü} = 15$ cm**

vorh $a_{s,\,bü} = 3{,}7$ cm²/m

100. Einzelfundament

bei einer eingespannten Hallenstütze

Gegeben: Betonfundament nach Skizze
Eingespanntes Stahlprofil I PE 240

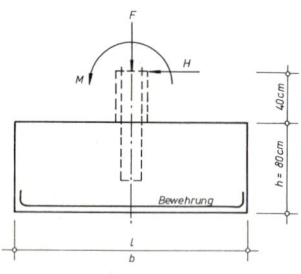

Lasten Lastfall 1 (max F):

max F = 100,00 kN

H = 12,00 kN

M = 24,00 kNm

Lastfall 2 (min F):

min F = 22,00 kN

H = 12,00 kN

M = 24,00 kNm

Gesucht: Fundamentgröße und Bodenpressung

Fundamentbreite **b = 0,90 m,** geschätzt

Kippmoment

$M_k = 24{,}00 + 12{,}00 \cdot 1{,}20 \quad = 38{,}40 \text{ kNm}$

Erforderliche Fundamentlänge für Lastfall 1, Bodenpressung maßgebend:

$$\text{erf}\,\ell = \frac{\Sigma F}{\text{zul}\,\sigma \cdot b - \overline{G}}$$

zulässige Bodenpressung beträgt für z. B. steifen bis halbfesten, bindigen Boden (gemischtkörnig) zul $\sigma = 200$ kN/m²

ΣF = Summe der Auflasten

$\overline{G}$ = Fundament − Eigengewicht je 1 m Länge
$\overline{G} = 1{,}00 \cdot 0{,}90 \cdot 0{,}80 \cdot 25{,}00 = 18{,}00$ kN/m

$$\text{erf}\,\ell = \frac{100{,}00}{200 \cdot 0{,}90 - 18{,}00} = \frac{100{,}00}{162{,}00} = 0{,}62 \text{ m}$$

Erforderliche Fundamentlänge für Lastfall 2, Kippsicherheit maßgebend:

$$\text{erf}\,\ell = \sqrt{\left(\frac{\Sigma F}{2 \cdot \overline{G}}\right)^2 + \frac{3 \cdot M_k}{\overline{G}}} - \frac{\Sigma F}{2 \cdot \overline{G}}$$

$$= \sqrt{\left(\frac{22{,}00}{2 \cdot 18{,}00}\right)^2 + \frac{3 \cdot 38{,}40}{18{,}00}} - \frac{22{,}00}{2 \cdot 18{,}00}$$

$$= \sqrt{0{,}37 + 6{,}40} - 0{,}61$$
$$= 2{,}60 - 0{,}61 = 1{,}99 \text{ m}$$

gew.: $\ell =$ **2,00 m**

Fundament-Eigengewicht

$G = 2{,}00 \cdot 0{,}90 \cdot 0{,}80 \cdot 25{,}00 \quad = 36{,}00$ kN

Bodenpressung $\sigma = \dfrac{\Sigma V}{\ell' \cdot b}; \quad \ell' = \ell - 2 \cdot e$

$$e = \frac{\Sigma M}{\Sigma V} = \text{Ausmittigkeit}$$

Die Ausmittigkeit e ist bei den **ständig wirkenden Lasten** begrenzt auf $e \leq \ell/6$ (kein Klaffen der Sohlfuge)
und bei **Gesamtlasten** auf $e \leq \ell/3$ (Klaffen der Fuge bis höchstens zur Mitte)!

Lastfall 1:

$e = \dfrac{\Sigma M}{\Sigma V} = \dfrac{38{,}40}{100{,}00 + 36{,}00} = 0{,}28$ m $< \ell/6 = 2{,}00/6 = 0{,}333$ m

$\ell' = \ell - 2 \cdot e = 2{,}00 - 2 \cdot 0{,}28 = 1{,}44$ m

$\sigma = \dfrac{100{,}00 \cdot 36{,}00}{1{,}44 \cdot 0{,}90} = 105$ kN/m² < 200 kN/m²

Lastfall 2:

$e = \dfrac{38{,}40}{22{,}00 + 36{,}00} = 0{,}66$ m $< \ell/3 = 0{,}667$ m

$\ell' = 2{,}00 - 2 \cdot 0{,}66 = 0{,}68$ m

$\sigma = \dfrac{22{,}00 + 36{,}00}{0{,}68 \cdot 0{,}90} = 95$ kN/m² < 200

Bewehrung

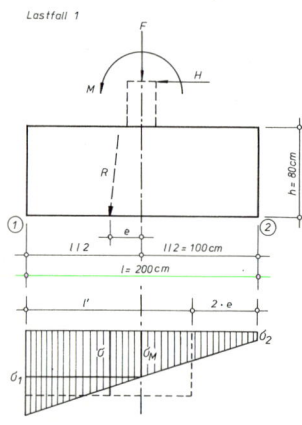

Kantenpressungen Lastfall 1:

$\sigma_{1;2} = \dfrac{\Sigma V}{\ell \cdot b} \left(1 \pm \dfrac{6 \cdot e}{\ell} \right)$

$\sigma_{1;2} = \dfrac{100{,}00 + 36{,}00}{2{,}00 \cdot 0{,}90} \left(1 \pm \dfrac{6 \cdot 0{,}28}{2{,}00} \right)$

$\sigma_1 = 76 \cdot 1{,}84 = 139$ kN/m²

$\sigma_2 = 76 \cdot 0{,}16 = 12$ kN/m²

Mittelwert

$\sigma_M = \dfrac{139 + 12}{2} = 75{,}5$ kN/m²

Biegemoment in Fundamentachse

$M = \sigma_M \cdot b \cdot \ell^2/8$
$\quad + (\sigma_1 - \sigma_M) \cdot b \cdot \ell^2/12$

$M = 75{,}5 \cdot 0{,}90 : 2{,}00^2/8 = 34$ kNm
$\quad + (139 - 75{,}5) \cdot 0{,}90 \cdot 2{,}00^2/12 = 19$ kNm
$\hspace{6cm} \underline{53 \text{ kNm}}$

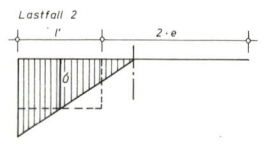

Kantenpressung Lastfall 2:

$\sigma_k = \dfrac{2 \cdot \Sigma V}{3 \cdot c \cdot b}$; $c = \ell'/2 = 0{,}68/2 = 0{,}34$ m

$= \dfrac{2 \cdot (22{,}00 + 36{,}00)}{3 \cdot 0{,}34 \cdot 0{,}90} = 126$ kN/m²

Biegemoment in Fundamentachse

$M = \sigma_k \cdot b \cdot \ell^2/12 =$
$\quad = 126 \cdot 0{,}90 \cdot 2{,}00^2/12 = 38$ kNm

Beton gew.: **B 15**

Stahl gew.: **B St 500/550** (Baustahl-Gewebematten)

Statische Höhe h = Fundamenthöhe — Betonüberdeckung

$$h = 80 - 4 = 76 \text{ cm}$$

$$m_s = \frac{M}{b \cdot h^2 \cdot \beta_R}$$

$\beta_R = 10.500 \text{ kN/m}^2 =$ Rechenwert der Betonfestigkeit

$$m_s = \frac{53}{0,90 \cdot 0,76^2 \cdot 10.500} = 0,01$$

nach Tafel 1.4, Heft 220, Deutscher Ausschuß f. Stahlbeton,
„Bemessung v. Beton u. Stahlbetonbauteilen":

Bewehrungsgrad $\mu_M = 0,04$ %

$A_s = \mu_M \cdot b \cdot d$
$ = 0,04 \cdot 90 \cdot 76/100 = 2,7 \text{ cm}^2$

$A_s/b = 2,7/0,9 = 3,0 \text{ cm}^2/\text{m}$

gew.: **Lagermatte R 188 + R 131**

mit $A_s = 1,88 + 1,31 = 3,19 \text{ cm}^2 > 3,0$

Die stärkere Matte (R 188) liegt unten und wird an den Längsenden jeweils ca. 15 bis 25 cm nach oben aufgebogen. Die schwächere Matte liegt direkt darüber und braucht nicht über die gesamte Länge angeordnet zu werden. (ca. $2/3 \cdot \ell$)

Nachzuweisen sind desweiteren die Einspannung des Stahlprofils mit der zugehörigen Ringbewehrung und das Durchstanzen der Stütze (siehe hierzu z. B. Betonkalender 1979, Teil II, S. 756 u. 760)

Reihe der Bau-Fachschriften

Nr.

1 **Freigespannte Holzbinder** (G. Hempel) 11. Auflage wird vorbereitet

2 **Holztabellen** Keine Wiederauflage

3 **Bau-Tabellen** Keine Wiederauflage

4 **100 Statikbeispiele aus dem Holzbau** (G. Hempel)
9. Auflage, abgestimmt auf DIN 1052 mit allen in Frage kommenden Formeln

6 **100 Knotenpunkte aus dem Holzbau** (G. Hempel) 3. Auflage

8 **Fachstoff für Zimmerleute**
Band 1: **Grundwissen des Zimmerers** (F. Krämer)
Band 3: **Dachausmittlungen und Vergatterungen** (Fix/Jäger/Sicheneder)

9 **Nagelverbindungen im Holzbau** (G. Hempel)
Keine Wiederauflage

13 **Statik leicht gemacht** (G. Hempel)